Peter F. Brosch
Joachim Landrath
Josef Wehberg

Leistungselektronik

Aus dem Programm
Elektrische Energietechnik

Handbuch Elektrische Energietechnik
von L. Constantinescu-Simon (Hrsg.)

Vieweg Handbuch Elektrotechnik
von W. Böge (Hrsg.)

Elektrische Energieversorgung
von K. Heuck und K.-D. Dettmann

Elektrische Maschinen und Antriebe
von K. Fuest und P. Döring

Elektrische Energietechnik
von W. Courtin

Leistungselektronik
von P. F. Brosch, J. Landrath und J. Wehberg

Elektrische Maschinen und Antriebssysteme
von L. Constantinescu-Simon, A. Fransua und K. Saal

Elektronische Antriebstechnik
von C. Wehrmann

Dynamisches Verhalten elektrischer Maschinen
von O. Justus

Elemente der angewandten Elektronik
von E. Böhmer

Elektromagnetische Verträglichkeit
von A. Rodewald

vieweg

Peter F. Brosch
Joachim Landrath
Josef Wehberg

Leistungselektronik

Kompakte Grundlagen und Anwendungen

Mit 161 Abbildungen und 6 Tabellen

Die Deutsche Bibliothek – CIP-Einheitsaufnahme
Ein Titeldatensatz für diese Publikation ist bei
Der Deutschen Bibliothek erhältlich.

1. Auflage September 2000

Alle Rechte vorbehalten
© Friedr. Vieweg & Sohn Verlagsgesellschaft mbH, Braunschweig/Wiesbaden, 2000

Der Verlag Vieweg ist ein Unternehmen der Fachverlagsgruppe BertelsmannSpringer.

Das Werk einschließlich aller seiner Teile ist urheberrechtlich geschützt. Jede Verwertung außerhalb der engen Grenzen des Urheberrechtsgesetzes ist ohne Zustimmung des Verlags unzulässig und strafbar. Das gilt insbesondere für Vervielfältigungen, Übersetzungen, Mikroverfilmungen und die Einspeicherung und Verarbeitung in elektronischen Systemen.

www.vieweg.de

Technische Redaktion: Hartmut Kühn von Burgsdorff
Konzeption und Layout des Umschlags: Ulrike Weigel, www.CorporateDesignGroup.de
Druck und buchbinderische Verarbeitung: Lengericher Handelsdruckerei, Lengerich
Gedruckt auf säurefreiem Papier
Printed in Germany

ISBN 3-528-03879-9

Vorwort

Zur Umformung elektrischer Energie von einem Stromsystem in ein anderes werden Stromrichter eingesetzt. Bis 1889 gab es nur Gleichstromsysteme. Kaum war jedoch das Drehstromsystem erfunden, wollte man daraus auch den bereits seit einigen Jahren eingeführten Gleichstrom erzeugen. So entstanden die ersten Stromrichterschaltungen zum Gleichrichten; die Grundschaltungen der Stromrichtergeräte sind also lange bekannt.

Durch den Einsatz von Halbleiterschaltern ab Mitte der 50er Jahre haben sich dann die Schwerpunkte der Schaltungstechnik von Stromrichtern verschoben. Wurden früher Mittelpunktschaltungen mit Quecksilberdampfgefäßen wirtschaftlich eingesetzt, so werden heute Halbleiterventile mit Brückenschaltungen bevorzugt.

Ein Buch über die Leistungselektronik muss den Brückenschlag von alter zu neuer Technik finden. Im vorliegenden Buch wurden die heute wenig genutzten Mittelpunkt-Schaltungen daher kürzer dargestellt und die aktuellen Schaltungen stärker in den Vordergrund gerückt. Gleiches gilt für die aktuellen Fragen zu den Schaltungen der Gleichstrom- und Drehstromtechnik im Bereich der Antriebsstromrichter. Die Entwicklung der letzten zwei Jahrzehnte zeigt, dass die Bedeutung der Gleichstromtechnik stark abnimmt. Jedoch ist die Drehstromtechnik verständlicher, wenn man historischen Entwicklungen folgt und bei der Gleichstromtechnik beginnt.

Die Autoren wünschen sich eine positive Aufnahme bei den Lernenden in den technischen Ausbildungsstätten und bei den Praktikern im betrieblichen Alltag, die Zusammenhänge schnell rekapitulieren wollen.

Für Anregungen und kritische Diskussionen sind wir offen und dankbar.

Dem Vieweg Verlag danken die Autoren für die Umsetzung.

Hannover, April 2000   Brosch
                                    Landrath
                                    Wehberg

Inhaltsverzeichnis

1 Stromrichtertechnik 1
   1.1 Stand und Entwicklung 1
      1.1.1 Einsatz 3
      1.1.2 Umfeld 4
      1.1.3 Geregelter Betrieb 5
   1.2 Arbeitsweise der Stromrichter 5
      1.2.1 Funktionen der Umformung 6
      1.2.2 Arbeitsweise und Stromrichterart 6
      1.2.3 Betriebsquadranten 7
      1.2.4 Stromrichterarten 8
      1.2.5 Grundprinzip der Spannungserzeugung aus dem Wechselspannungsnetz 8
      1.2.6 Grundprinzip der Spannungsabsenkung 10
      1.2.7 Grundprinzip der Spannungsanhebung (Hochsetzsteller) 13
      1.2.8 Wechselrichten aus dem Gleichspannungsnetz 15
      1.2.9 Schlussfolgerungen 16
2 Elektronische Schalter 17
   2.1 "Schalten" als Grundverfahren der Stromrichter 17
   2.2 Halbleiterschalter (Leistungshalbleiter) 18
      2.2.1 Dioden 18
      2.2.2 Thyristoren 22
      2.2.3 Der Abschaltthyristor (GTO) 26
      2.2.4 Der Insulated-Gate-Controlled Thyristor (IGCT) 27
      2.2.5 Transistoren 27
      2.2.6 IGBT 29
      2.2.7 Intelligente Leistungsmodule (IPM) 30
      2.2.8 Bauteiledaten (Grenzdaten) 32
      2.2.9 Schutz von Halbleiterschaltern 32

3 Stromrichterkomponenten 39
   3.1 Transformatoren 40
   3.2 Drosseln 41
   3.3 Kondensatoren 43
   3.4 Steuerelektronik in Stromrichtern 44
   3.5 Leistungsschild und Betriebsarten 49

4 Fremdgeführte Stromrichterschaltungen 55
   4.1 Netzgeführte Stromrichter 55
      4.1.1 Begriffe 55
      4.1.2 Einsatz 59
      4.1.3 Gleichspannungsbildung 59
      4.1.4 Ideelle Ausgangsgleichspannung 69
      4.1.5 Ideelle Gleichstromleistung 70
      4.1.6 Ausgangskennlinienfeld 70
      4.1.7 Betriebsquadranten 71
      4.1.8 Leistungsaufnahme 73
      4.1.9 Verknüpfung mit dem Steuerwinkel α 74
      4.1.10 Netzrückwirkungen 76
   4.2 Lastgeführte Stromrichter 79
      4.2.1 Stromrichtermotor 79
      4.2.2 Schwingkreiswechselrichter 80

5 Selbstgeführte Stromrichter 83
   5.1 Gleichstromsteller (Chopper) 83
      5.1.1 1-Quadrantbetrieb 84
      5.1.2 4-Quadrantbetrieb 85
   5.2 Selbstgeführte Wechselrichter 88
      5.2.1 Einphasige Pulswechselrichter 88
      5.2.2 Mehrphasige Pulswechselrichter 89

6 Umrichter 92
   6.1 Übersicht 92
   6.2 Gleichstromumrichter mit Wechselspannungszwischenkreis 93
   6.3 Umrichter mit Spannungszwischenkreis (U-Umrichter) 95
      6.3.1 Drehspannungserzeugung 96
   6.4 Umrichter mit Stromzwischenkreis (I-Umrichter) 101

6.5 Energierückspeisung ... 105
   6.5.1 I-Umrichter ... 105
   6.5.2 U-Umrichter ... 105
6.6 Direktumrichter ... 112
7 Wechsel- und Drehstromsteller ... 114
   7.1 Wechselstromsteller ... 115
   7.2 Drehstromsteller ... 116
   7.3 Steuerblindleistung ... 117
   7.4 Steuerung ... 118
8 Regelung bei Stromrichtern ... 120
   8.1 Übersicht ... 120
   8.2 Gleichstromantriebe ... 120
   8.3 Drehstromantriebe mit Umrichtern ... 123
9 Einsatz in der Energieanwendung ... 128
   9.1 Allgemeines zum Einsatz in der Energieanwendung ... 128
      9.1.1 Stromrichterantriebe ... 128
      9.1.2 Stromrichterantriebe mit Stromwendermaschinen ... 129
      9.1.3 Stromrichterantriebe mit Drehfeldmaschinen ... 134
      9.1.4 EK-Maschinen (elektrisch kommutiert) ... 137
      9.1.5 Positionierantriebe / Servoantriebe ... 137
      9.1.6 Traktion ... 137
   9.2 Gleichstromversorgungen ... 141
      9.2.1 Elektrochemie ... 141
      9.2.2 Ladegeräte ... 142
      9.2.3 Netzgeräte ... 142
   9.3 Sonstige Anwendungsgebiete ... 142
      9.3.1 Heizungs- und Klimatechnik, Beleuchtung ... 142
      9.3.2 Hausgeräte ... 142
      9.3.3 Industrielle Wärmebehandlung ... 142
10 Einsatz in der Energieverteilung ... 143
   10.1 Übersicht ... 143
   10.2 Blindstromrichter ... 143
   10.3 Netzkupplung und Energieübertragung (HGÜ) ... 143
   10.4 Unterbrechungsfreie Stromversorgung (USV) ... 144
   10.5 Rundsteuersender ... 145

11 Elektromagnetische Verträglichkeit (EMV) und Netzrückwirkungen ... 146
  11.1 Elektromagnetische Verträglichkeit ... 146
  11.2 Netzrückwirkungen ... 149
    11.2.1 Netzrückwirkungen bei I-Umrichtern ... 150
    11.2.2 Netzrückwirkungen bei U-Umrichtern ... 151
12 Stromrichtermesstechnik ... 155
  12.1 Messungen allgemein ... 155
  12.2 Messungen des Formfaktors ... 157
  12.3 Drehfeldmessung ... 157
Formelzeichen (Auswahl) ... 159
Literaturverzeichnis ... 163
Sachwortverzeichnis ... 169

1 Stromrichtertechnik

1.1 Stand und Entwicklung

Die Drehstromtechnik hat sich heute in der industriellen Praxis weltweit durchgesetzt. Die Gleichstromtechnik dominiert nur noch den Bereich der nichtstationären Batterienetze, z.B. im PKW. Immer wieder ist es notwendig, elektrischer Energie von einem Spannungssystem in ein anderes umzuformen. Dazu werden heute überwiegend statische Stromrichter eingesetzt. Diese lösten die drehenden Umformermaschinen weitgehend ab. Als 1889 das Drehstromsystem erfunden wurde, wollte man daraus für die bereits seit Jahrzehnten eingeführte Gleichstromtechnik auch Gleichspannung erzeugen. So entstanden die Grundschaltungen der ungesteuerten und gesteuerten Stromrichtergeräte schon vor langer Zeit. Das Hauptproblem der Stromrichtertechnik war lange die Löschung des einmal fließenden Stromes. Dieses Problem ist heute elegant durch die neuen Halbleiterschalter IGBT und GTO gelöst, wie später noch gezeigt wird.

Oft erfolgte die Umsetzung auf mechanischem Wege über Schaltkontakte. Beispiele sind der Stromwender im Gleichstrommotor, der als mechanischer Wechselrichter arbeitet, oder der Unterbrecher in der Zündanlage des Ottomotors. Beide Systeme haben sich lange gehalten und wurden erst spät durch Elektronik ergänzt oder ersetzt. Bild 1-1 zeigt die zeitliche Abfolge der Entwicklung bei den verschiedenen Techniken auf.

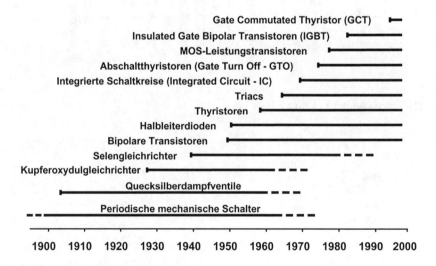

Bild 1-1 Entwicklung der Schaltertechnik

Durch den Einsatz von Halbleiterschaltern auf Siliziumbasis ab Mitte der 50er Jahre haben sich dann die Schwerpunkte der Schaltungstechnik verschoben. Wurden früher Mittelpunktschaltungen mit Quecksilberdampfgefäßen wirtschaftlich eingesetzt, so werden heute Brückenschaltungen mit Halbleiterventilen bevorzugt.

Ein großes Einsatzgebiet der Stromrichtertechnik liegt im Bereich der elektrischen Antriebe in Industrie und Haushalt. Etwa 60% der in Deutschland umgesetzten Energie wird in elektrischen Antrieben eingesetzt. Die Entwicklung der letzten zwei Jahrzehnte zeigt, dass in diesem Bereich die Bedeutung der Gleichstromtechnik stark zurück geht und die Drehstromtechnik große Zuwächse aufweist. Bild 1-2 dokumentiert dies mit der Entwicklung der Umsatzzahlen von Stromrichtergeräten für die beiden Stromarten.

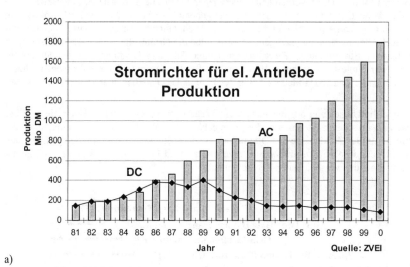

a)

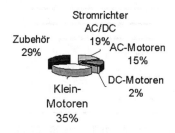

b)

Bild 1-2
a) Umsatzentwicklung bei Antriebsstromrichtern
b) Umsatzaufteilung im Antriebssektor (ZVEI)

Die Grundschaltungen der Leistungselektronik wurden zunächst mechanisch oder durch Quecksilberdampfgefäße realisiert. Die Halbleitertechnologie brachte Verbesserungen in der Gerätetechnik und in der Handhabung. Wichtigster Punkt: Die Schaltelemente wurden kleiner und sind direkt über eine Steuerelektrode abschaltbar. Dies führte ab den 80er Jahren zur ra-

1.1 Stand und Entwicklung

santen Entwicklung der Frequenzumrichtergeräte, die dann in den letzten zwei Jahrzehnten zur Ablösung der Gleichstromtechnik in weiten Teilen der Antriebstechnik führte. So wurde der robuste Drehstrommotor mit Käfigläufer durch einen vorgeschalteten Frequenzumrichter leicht drehzahlveränderbar bei gleichzeitiger Kostenminderung des Gesamtpakets.

Zu der Hardware des Leistungsteils gehört jeweils eine Steuer- und Regelelektronik. Die aufkommende Mikroprozessortechnik veränderte die Steuerteile der Stromrichtergeräte gewaltig. Die lange eingesetzte analoge Schaltungstechnik verschwand und gab den Weg für die Digitaltechnik frei. Gatearrays, Integrierte Schaltkreise (IC) und angepasste Chips für Komplettlösungen, z.B. die Vecon-Chips, übernehmen Aufgaben neben den Mikroprozessoren und entlasten diese. Durch die Digitaltechnik gewann die Software der Stromrichtergeräte eine entscheidende Bedeutung. Die Regler der Geräte liegen nur noch als Software vor. Sie können einfach über Software geändert werden. Selbstablaufende Optimierungsprogramme erleichtern die Inbetriebnahme.

Letzte Entwicklungen sind die „altbekannten" Stromrichterschaltungen, die nun monolithisch integriert mit kompletten Steuer- und Überwachungsteilen als „intelligente Powermodule" (IPM) in den Geräten auftauchen. Dadurch reduzieren sich Aufwand, Kosten und Platzbedarf weiter.

1.1.1 Einsatz

Stromrichter werden in vielen Bereichen der Industrie, der Haustechnik und im Haushalt eingesetzt (Bild 1-3).

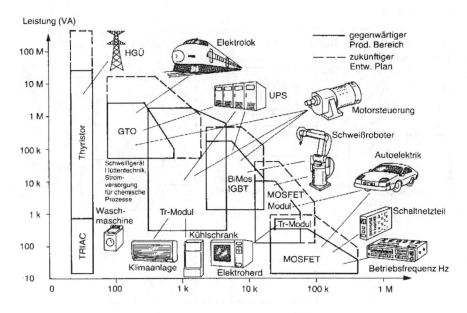

Bild 1-3 Einsatzbereiche von Stromrichtergeräten (Quelle: Mitsubishi)

Beispiele für den breiten Einsatz der Stromrichtertechnik soll die folgende Aufzählung zeigen:

- (Industrie-)Antriebe   Bewegen, Positionieren
- Elektrowärme   induktive Erwärmung mit ca. 1000 Hz
- Elektrochemie   Batterieladung, Elektrolyse (Cu, AL usw.)
- Energieerzeugung   Erregerstromrichter bei Synchronmaschinen
- Energieverteilung   Blindleistungskompensation, Gleichstromübertragung
- Verkehr   Antriebe beim ICE, Transrapid und E-Auto
- Haushalt   Dimmer, Drehzahlregelung der Haushaltsgeräte
                            (Waschmaschine, Bohrmaschine, Videorecorder, Spielzeug)
- Bürogeräte   Schaltnetzteile (DC/DC-Wandler) zur Spannungsanpassung

Mit Stromrichtergeräten werden Spannung, Strom oder der Leistungsfluss bidirektional gesteuert oder geregelt. Diese Betriebswerte umfassen einen großen Bereich, der mehrere Zehnerpotenzen überstreicht. Betriebsbereiche der Stromrichtergeräte sind:

- Spannung: über   1 MV   Hochspannungs-Gleichstrom-Übertragung (HGÜ)
- Strom: bis einige 10 kA   Elektrolyse (Al, Cu)
- Leistung: bis einige 10 MW   Pumpspeicher- oder Walzwerks-Antriebe
- Frequenz: bis einige 100 kHz Schaltnetzteile / Elektrowärme

1.1.2 Umfeld

Stromrichter und Stromrichterantriebe arbeiten immer in einem Umfeld, das ihre Betriebsbedingungen mitbestimmt. Bild 1-4 zeigt ein solches Schema beispielhaft für einen drehzahlveränderbaren Antrieb.

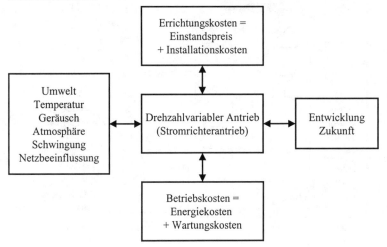

Bild 1-4 Einflüsse aus dem Umfeld auf einen Stromrichterantrieb (drehzahlvariabler Antrieb)

1.2 Arbeitsweise der Stromrichter

Neben den rein technischen Einflüssen sind es wirtschaftliche und politische Vorgaben, die einwirken, wenn man an die z.Z. politisch gewollte Verteuerung der Energiekosten denkt. Internationale Normung ist ein wichtiger Faktor auf den globalen Märkten.

1.1.3 Geregelter Betrieb

Viele Stromrichtergeräte arbeiten zusammen mit elektrischen Maschinen gesteuert oder geregelt. Warum beispielsweise geregelte *drehzahlveränderbare* Antriebe eingesetzt werden zeigt Bild 1-5 deutlich. Um die Schnittgeschwindigkeit konstant zu halten, werden für verschiedene Bohrerdurchmesser unterschiedliche Drehzahlen benötigt, wenn optimal – prozessoptimiert - gearbeitet werden soll. Aus diesem Grund haben Bohrmaschinen einen drehzahlvariablen Antrieb. Gleiches gilt für viele Werkzeugmaschinen und andere Industrieantriebe.

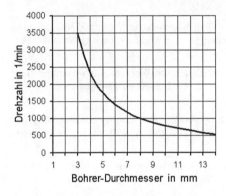

Bild 1-5
Die Schnittgeschwindigkeit eines Spiralbohrers ist etwa konstant: $\varnothing \cdot n \approx 7000$ mm/min

Bei Pumpen und Lüftern ist die Anpassung der Fördermenge an die Anforderungen des Betriebs wichtig. Will man die Energieverluste eines Festdrehzahlantriebs, der zur Einstellung mechanische Drosseln im Mediumstrom vorsieht, vermeiden, muss man einen drehzahlvariablen Antrieb wählen. Die Drehzahlverstellung erfolgt jeweils über Stromrichter. Ein Nebeneffekt ist die Energiekosteneinsparung, die dadurch auch einen Deckungsbeitrag zu den Investitionskosten liefert.

1.2 Arbeitsweise der Stromrichter

Die Aufgabe der kontinuierlichen Anpassung und Umwandlung der angebotenen elektrischen Energie in die gewünschte Energieform übernehmen bei den Verbrauchern die zwischen Netz und Last geschalteten Stellglieder. Die hierfür eingesetzten Stellglieder mit Halbleiterschaltern heißen Stromrichter. Sie steuern den Energieaustausch zwischen zwei Netzen oder zwischen Netz und elektrischer Maschine. Beide Energierichtungen sind möglich, wenn man beispielsweise an Treiben und Bremsen beim Fahrzeugantrieb denkt.

Heute ist die elektrische Energie zur Speisung der Industrieantriebe oder anderer Verbraucher nur noch aus Wechsel- oder Drehstromnetzen verfügbar. Verbraucher für feste Spannungen werden über mechanische oder elektronische Schaltgeräte (Schalter) direkt am Netz betrieben. Bei den drehzahlveränderbaren Antrieben sorgen elektronische Stellglieder für den drehzahlvariablen Betrieb. Die gespeisten Verbraucher oder elektrischen Maschinen benötigen die Energie in angepasster Form. Der drehzahlvariable Betrieb einer Maschine wird über Stromrichter durch variable Spannung und Frequenz erreicht.

1.2.1 Funktionen der Umformung

Die Möglichkeiten der Umformung des Energieflusses zwischen zwei elektrischen Energiesystemen zeigt Bild 1-6. Die wichtigen Funktionen sind:

- „Gleichrichten" mit der Umwandlung von Wechsel-/Drehspannung in Gleichspannung mit der Energieflussrichtung vom Wechsel-/Drehspannungssystem zum Gleichspannungssystem (AC→DC)

- „Wechselrichten" mit der Umwandlung von Gleichspannung in Wechsel-/Drehspannung mit der Energieflussrichtung vom Gleichspannungs- zum Wechsel-/Drehspannungssystem (DC→AC)

- „Wechselspannungs-Umrichten" mit der Umwandlung von Wechsel-/Drehspannung einer gegebenen Spannung, Frequenz und Strangzahl in Wechsel-/Drehspannung einer anderen Spannung, Frequenz und Strangzahl (AC→AC).

- „Wechselspannungsstellen" mit der Umwandlung von Wechsel-/Drehspannung einer gegebenen Spannung in Wechsel-/Drehspannung mit einer kleineren Spannung bei gleicher Frequenz und Strangzahl (AC→AC).

- „Gleichspannungsstellen" mit der Umwandlung von Gleichspannung einer gegebenen Spannung in niedrigere oder höhere Gleichspannung (DC→DC).

Für AC-Antriebe wird Wechselspannungs-Umrichten bei Frequenzumrichtern mit beiden Energierichtungen eingesetzt. Die Frequenzumrichter wandeln die Energie über einen Zwischenkreis in zwei Stufen um, bei denen zunächst Gleichrichten und dann Wechselrichten benutzt wird. Da im Gleichstromzwischenkreis Gleichgrößen auftreten, sind Ein- und Ausgangskreis und somit auch die Ein- und Ausgangsfrequenz entkoppelt. Wechselspannungsstellen mit nur einer Energierichtung wird bei Dimmern im Haushalt oder bei Drehspannungsstellern für Asynchronmaschinen eingesetzt.

1.2.2 Arbeitsweise und Stromrichterart

Die Steuerung des Energieflusses zwischen den beiden Energiesystemen (Erzeuger/Verbraucher) und der mögliche Arbeitsbereich (Energierichtung) sind Unterscheidungsmerkmale, die der Grundfunktion Energiewandlung der Stromrichter prinzipiell unterlagert sind. Die Grundformen der Energieumformung sind in Bild 1-6 dargestellt.

1.2 Arbeitsweise der Stromrichter

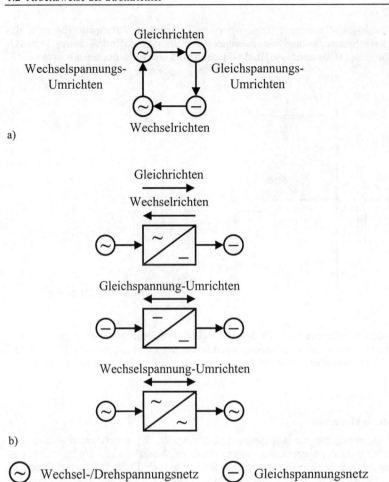

Bild 1-6 Grundformen der Energie-Umformung
  a) Übersicht
  b) Stromrichter mit Leistungsfluss zwischen den Systemen

1.2.3 Betriebsquadranten

Die Arbeitsweise von Stromrichtern lassen sich in einem Vier-Quadranten-Diagramm (4Q) für Spannung und Strom und damit auch für den Leistungsfluss darstellen.

Ein „Ein"-Quadranten-Stromrichter erlaubt nur den Energiefluss von einem System in das andere, bei fester Spannungs- und Stromzuordnung. Ein Beispiel ist der drehzahlregelbare 1Q-Pumpenantrieb einer Heizungsanlage (Bild 1-7), der nur im ersten Quadranten arbeitet.

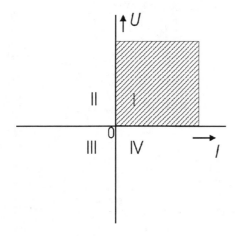

Bild 1-7
Betriebsquadranten (4Q-Diagramm)

Mit Vier-Quadranten-Stromrichtern ist dem gegenüber ein Energieaustausch in beiden Energierichtungen mit jeweils beiden Spannungs- und Stromrichtungen möglich. Dafür ist der Antrieb eines 4Q-Straßenbahnwagens mit Treiben und Bremsen in beiden Fahrtrichtungen ein Beispiel.

1.2.4 Stromrichterarten

Prinzipiell gibt es ungesteuerte und gesteuerte Stromrichter. Sie unterscheiden sich im Betriebsverhalten. So ist bei ungesteuerten Stromrichtern das Verhältnis von Eingangs- zu Ausgangsspannung durch die Stromrichterschaltung fest vorgegeben. Ein Beispiel ist die Wechselstrom-Brückenschaltung B2 als Eingangsschaltung bei einem U-Umrichter. Die Schaltungsvarianten werden im Weiteren erläutert.

Bei steuerbaren Stromrichtern kann dieses Spannungsverhältnis durch den Steuereingriff am Halbleiterschalter verändert werden. Ein Beispiel ist die Wechselwegschaltung W3C bei einem Stromrichter als Sanftanlaufgerät für Asynchronmaschinen.

Wie aus einem gegebenen Netz mit konstanter Spannung und Frequenz die für den Verbraucher angepasste Spannung nach Art und Betrag erzeugt wird, erläutern die folgenden Abschnitte.

1.2.5 Grundprinzip der Spannungserzeugung aus dem Wechselspannungsnetz

Das Grundprinzip der Spannungserzeugung mit Stromrichtern soll am Beispiel einer ungesteuerten Gleichrichterschaltung gezeigt werden.

1.2 Arbeitsweise der Stromrichter

Soll ein Gleichspannungsverbraucher aus einer Wechselspannungsquelle mit fester Spannung gespeist werden, so eignet sich eine Schaltung nach Bild 1-8. Die vier Schalter S1 bis S4 schalten je Periode der Netzspannung u paarweise in jeder Halbschwingung einmal.

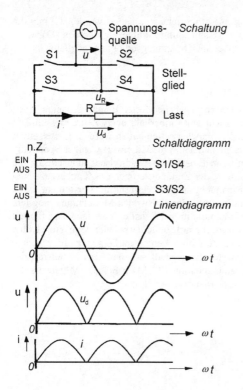

Bild 1-8
Grundfunktion *Gleichrichten* mit einer Brückenschaltung B2U (ungesteuert)

Die Ein-Schaltzeitpunkte sind mit der Netzfrequenz synchronisiert. Sind in der positiven Halbschwingung die Schalter S1 und S4 geschlossen, wird die Netzspannung an die Last geschaltet. Es fließt ein Strom, der von der Höhe der Spannung und dem Widerstandswert bestimmt wird. Beim Nulldurchgang der Netzspannung wird auch der Laststrom Null. Sind in der negativen Halbschwingung die Schalter S3 und S2 geschlossen, wird die Netzspannung wieder so an die Last geschaltet, dass der Laststrom weiter in der gleichen Richtung fließt.

Der Strom im Lastwiderstand fließt in beiden Perioden der Netzspannung in gleicher Richtung; er wurde gleichgerichtet; es fließt ein Gleichstrom. Im Netz fließt ein Wechselstrom.

Die Höhe der Netzspannung U und der lineare Mittelwert der Gleichspannung U_d hängen bei ungesteuerten Schaltungen über ein festes Verhältnis zusammen. Bei der B2-Schaltung ist $U_d = 2\sqrt{2}/\pi \, U = 0{,}9 \, U$. Die Höhe von U_d hängt von der benutzten Schaltung ab.

Weder die Spannung an der Last noch der Strom durch den Lastwiderstand sind zeitlich konstant. Um zeitlich möglichst konstante Gleichgrößen zu erhalten, müssen Energiespeicher eingesetzt werden. In der Energietechnik nutzt man dafür Glättungsdrosseln und Kondensatoren. Zeitlich konstanten Ausgangsstrom erhält man mit einer Glättungsdrossel L in Reihe mit dem Lastwiderstand. Zeitlich konstante Ausgangsspannung erhält man mit einem Glättungskondensator C parallel zum Lastwiderstand. Dies wird später noch bei den Schaltungen genau behandelt.

Nachdem prinzipiell die Spannungserzeugung mit Stromrichtern erläutert wurde, soll nun die Erzeugung variabler Spannungen – die Spannungsanpassung - aufgezeigt werden. Dabei ist interessant, dass sowohl Spannungsabsenkung aber auch Spannungserhöhung möglich ist.

1.2.6 Grundprinzip der Spannungsabsenkung

Es gibt nur eine grundsätzliche Möglichkeit bei vorgegebener fester Eingangsspannung den Mittelwert der Ausgangsspannung zu ändern. Dazu muss innerhalb eines Zeitraums ein Teil der angebotenen Spannungs-Zeit-Fläche dem Verbraucher vorenthalten werden. Dieser erhält in dieser Zeiteinheit weniger Spannungszeitfläche und somit im Mittelwert weniger Spannung. Um dies verlustarm zu erreichen, kann man beim Einsatz am Wechselspannungseinsatz die Spannungszeitfläche über den verspäteten Einsatz der Zündung erreichen (Zündeinsatzsteuerung, Phasenanschnittssteuerung). Bei Gleichspannung ist eine verlustarme Verstellung durch ein Aufschalten von Spannungspulsen (Puls-Pausen- oder Pulsweiten-Modulation) möglich, wie in Bild 1-9 dargestellt ist. Bei beiden Varianten nimmt der Schalter (das steuerbare Bauteil des Stromrichters) einen Teil der Spannungszeitfläche auf, ohne dass - wie beim Einschalten eines Vorwiderstandes - Verluste entstehen. Die Verfahren werden im Folgenden besprochen. Bei der Phasenanschnittsteuerung (Zündeinsatzsteuerung) stellt sich dann ein Mittelwert der Ausgangsspannung U_α ein. Bei der Pulsweitenmodulation (PWM) hängt der Mittelwert der Ausgangsspannung U_a vom Einschalt- oder Tastverhältnis $a = t_a/T$ ab.

a)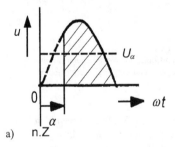

b)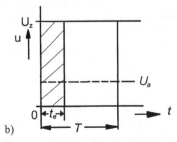

Bild 1-9
Grundprinzip der Spannungsabsenkung
a) Phasenanschnittsteuerung (Zündeinsatzsteuerung) mit dem Mittelwert der Ausgangsspannung U_α
b) Pulsweitenmodulation (PWM) mit dem Mittelwert der Ausgangsspannung U_a (Tastverhältnis $a = t_e/T$)

1.2 Arbeitsweise der Stromrichter

Phasenanschnittsteuerung am Wechselspannungsnetz

Die Phasenanschnittsteuerung soll am Wechselspannungsnetz am Beispiel der gesteuerten Wechselwegschaltung W1C mit den Schaltern S1 und S2 für jede Stromrichtung näher betrachtet werden (Bild 1-10). Bei der Phasenanschnittsteuerung (Zündeinsatzsteuerung) wird die Ausgangsspannung durch Ausblenden von Spannungszeitflächen verringert.

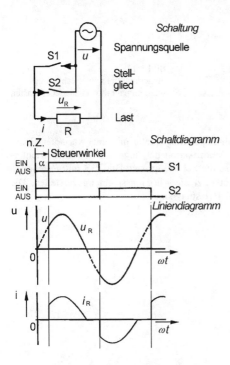

Bild 1-10
Phasenanschnitt bei einer Wechselwegschaltung (W1C)

Soll ein Verbraucher mit variabler Spannung aus einer Wechselspannungsquelle gespeist werden, so kann dies mit zwei Schaltern S1 und S2 erfolgen, die je Periode der Netzspannung U einmal eingeschaltet werden sollen. Die Ein/Aus-Schaltzeitpunkte sind mit der Netzfrequenz synchronisiert und im Schaltdiagramm festgelegt. Die Ein- und Ausschaltbefehle können in der Phasenlage um den Steuerwinkel α verstellt werden. Die Ausschaltbefehle werden quasi „zeitgleich" mit den Einschaltbefehlen der Folgeschalter ausgegeben (keine Totzeit).

Die Steuerung der Ausgangsspannung erfolgt durch Verschieben des Einschaltzeitpunkts mit dem Steuerwinkel α.

Entsprechend einer Steuerkennlinie läßt sich die Ausgangsspannung abhängig vom Steuerwinkel α angeben. Als Steuerkennlinie bezeichnet man die Abhängigkeit der auf ihren Höchstwert bezogenen Ausgangsspannung vom Steuerwinkel α.

Bei elektrischen Maschinen interessiert die Grundschwingung der Spannung. In Bild 1-11 sind die Steuerkennlinien für rein ohmsche und rein induktive Last zu sehen.

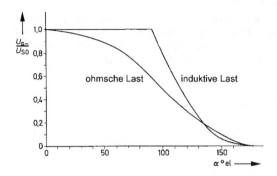

Bild 1-11
Steuerkennlinie für Wechselwegschaltungen mit verschiedenen Lasten

Ist ein Gleichstromverbraucher aus einer Wechselspannungsquelle mit einer variablen Spannung zu versorgen, so kann man diese durch Modifikation der ungesteuerten Gleichrichterschaltungen erreichen. Führt man beispielsweise die Schaltung nach Bild 1-8 mit gesteuerten Ventilen aus, so kann man über den Steuerwinkel α die Ausgangsspannung verstellen. Die Steuerkennlinie zeigt Bild 1-12 für verschiedene Belastungen.

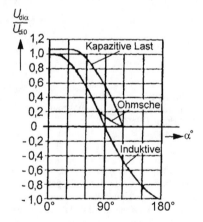

Bild 1-12
Steuerkennlinien eines netzgeführten Stromrichters mit unterschiedlicher Last

Spannungsabsenkung am Gleichspannungsnetz (Tiefsetzsteller)

Die Pulsweitensteuerung soll am Beispiel eines gesteuerten Gleichspannungsumrichters (Gleichspannungssteller) gezeigt werden. Aus der Gleichspannungsquelle mit der Spannung U_z soll ein Verbraucher mit einer variablen Spannung U_2 ($0 < U_2 < U_z$) versorgt werden. Hierzu wird die Schaltungsanordnung nach Bild 1-13 genutzt. Wegen der i.a. induktiven Komponente der Last, ist eine Freilaufdiode V_F erforderlich, damit der Laststrom bei geöffnetem Schalter weiter fließen kann. Der Schalter S wird periodisch mit der Pulsfrequenz $f_p = 1/T$ ein- und ausgeschaltet. Damit liegt am Verbraucher eine pulsförmige Gleichspannung $u_2(t)$. Der lineare Mittelwert der Verbraucherspannung kann durch die Steuerung des Einschaltverhältnisses a zwischen den Werten 0 und U_Z kontinuierlich verändert werden. $U_2 = U_{\text{Mittel}} = t_e/T U_z = a U_z$ mit $a = t_e/T$ dem Einschalt- oder Tastverhältnis. Abhängig vom Einschaltverhältnis a erhält man eine lineare Steuerkennlinie für die Ausgangsspannung. Als Steuerkennlinie bezeichnet man die Abhängigkeit der auf ihren Höchstwert bezogenen Ausgangsspannung vom Einschaltverhältnis a.

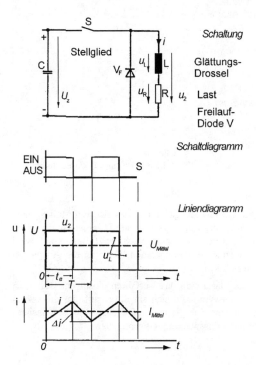

Bild 1-13
Arbeitsweise eines Tiefsetzstellers

Das vorgestellte Steuerverfahren wird als "Pulsweitensteuerung" bezeichnet. Bei rein ohmscher Last fließt ein Laststrom, der proportional der Lastspannung ist.

Da die am Verbraucher liegende Spannung $u_2(t)$ eine "gepulste Gleichspannung" ist, sind dem Laststrom pulsfrequente Stromanteile überlagert. Um die Welligkeit Δi möglichst gering zu halten, ist eine hohe Pulsfrequenz f des Schalters anzustreben oder die Glättungsinduktivität L zu erhöhen.

1.2.7 Grundprinzip der Spannungsanhebung (Hochsetzsteller)

Zum Hochsetzen der Gleichspannung werden Schaltungen mit Energiespeichern genutzt. Über die Zwischenspeicherung von Energie, z.B. in einer Induktivität, kann eine Erhöhung der Spannung bei Gleichspannung erzielt werden.

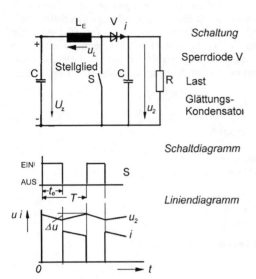

Bild 1-14
Arbeitsweise eines Hochsetzstellers

Die Aufgabe des Hochsetzens einer Spannung erfüllt die Schaltung des Hochsetzstellers nach Bild 1-14. Ist der Schalter S eingeschaltet, treibt die Eingangsspannung U_z einen Strom durch die Induktivität L_E ; in der Induktivität wird Energie gespeichert. Nach dem Öffnen von S wird diese über die Induktionsspannung in den Kondensator umgeladen. So kann die Ausgangsspannung U_2 höher als die Eingangsspannung U_Z sein.

Auch bei einer Wechselspannung am Eingang lässt sich das Verfahren einsetzen. Bild 1-15 zeigt die Schaltung. Wird der Schalter S geschlossen, baut sich ein Strom auf, der die vorgeschaltete Induktivität L_E lädt. Öffnet S, so wird die Energie in den Gleichspannungszwischenkreis eingespeist. So ist jede beliebige Zwischenkreisspannung U_2 erreichbar.

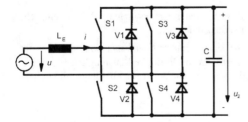

Bild 1-15
Hochsetzsteller am Wechselspannungsnetz

Die Schalter S1 und S4 oder S2 und S3 werden jeweils „gleichzeitig" ein- oder ausgeschaltet (keine Totzeit), jedoch ohne einen Kurzschluss zu erzeugen.

1.2.8 Wechselrichten aus dem Gleichspannungsnetz

Aus dem Gleichspannungsnetz kann eine Wechselspannung unterschiedlicher Höhe und Frequenz erzeugt werden. Dies ist mit einer Brückenschaltung mit 4 Schaltern S1 bis S4 mit je einer antiparallel geschalteten Freilaufdiode möglich (Bild 1-16). Der sich einstellende Laststrom soll eine "gute Sinusform" haben. Während einer Halbschwingung der Ausgangsspannung wird das Tastverhältnis $a = t_e/T$ sinusförmig moduliert (sinusbewertete Pulsweitenmodulation PWM). Die Schalter arbeiten mit einem festgelegten Muster in einer Schaltsequenz. Die so aus der festen Gleichspannung U_z erzeugte Spannung $u_2(t)$ setzt sich aus der Grundschwingung u_{21} und Oberschwingungsanteilen der Spannung zusammen. Dadurch sind der Grundschwingung des Laststroms Oberschwingungsanteile überlagert. Die Frequenz der Ausgangsspannung wird dadurch variiert, dass die Schaltsequenz mit unterschiedlichen Zeiten durchlaufen wird.

Die Höhe der Oberschwingungsströme ist wie beim Gleichstromsteller vor allem von der Höhe der Schaltfrequenz und der induktiven Lastkomponente abhängig.

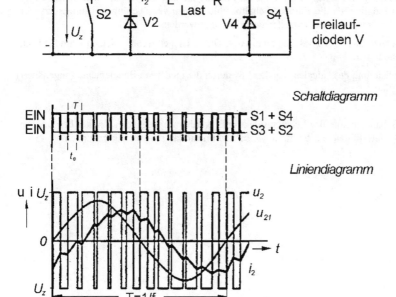

Bild 1-16 Wechselrichten aus einem Gleichspannungsnetz

Die vorgestellten Verfahren werden bei den verschiedenen Stromrichtern eingesetzt, die später besprochen werden. Dabei werden statt der Schalter „S" geeignete Halbleiterschalter eingesetzt.
Die wichtigsten Halbleiterschalter und ihr Verhalten werden im nächsten Kapitel besprochen.

1.2.9 Schlussfolgerungen

Anhand der Beispiele wurden die prinzipiellen Verfahren der Energieumwandlung und der Spannungseinstellung bei Stromrichtern aufgezeigt. Dabei zeigte sich:

- Die Energieumwandlung ist nahezu verlustlos. (Die Schalter wurden verlustlos angenommen, bei realen Schaltern ergeben sich natürlich Verluste in den Schaltern, die jedoch in energietechnischen Anwendungen im Verhältnis zur umgesetzten Leistung klein sind).

- Die Absenkung der Ausgangsspannung ist über Spannungs-Zeitflächensteuerung möglich (Phasenanschnitt- und Pulsweitensteuerung).

- Die Anhebung der Ausgangsspannung über den Eingangswert ist mit Hilfe von Energiezwischenspeicherung möglich (Hochsetzsteller).

- Die Steuerung des Energieflusses ist bei Wechselspannung über den Steuerwinkel α dynamisch möglich.

- Die Steuerung des Energieflusses ist bei Gleichspannung mit hohen Pulsfrequenzen dynamisch möglich, da die Ein/Aus-Schaltbefehle nahezu verzögerungsfrei umgesetzt werden. In der Praxis müssen Totzeiten berücksichtigt werden.

- Die Energieflüsse sind zwischen zwei AC-, DC- oder gemischten Netzen durch Stromrichter steuerbar.

- Die Realisierung des "idealen Schalter" ist durch die modernen Bauelemente (angenähert) gut möglich.

Die realen Schaltelemente der Leistungselektronik werden im folgenden Kapitel beschrieben. Quellen und weiterführende Literaturhinweise sind im Literaturverzeichnis zu finden.

2 Elektronische Schalter

2.1 "Schalten" als Grundverfahren der Stromrichter

Die Umformung der elektrischen Energie mit den Halbleiterschaltern in den Stromrichtern erfolgt mit den gezeigten "Schalt"-Verfahren, die prinzipbedingte Verluste vermeiden.

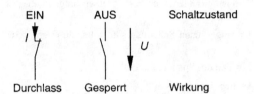

Bild 2-1
Mechanischer Schalter mit Schaltzuständen

Ohne Verluste ist eine Energieumwandlung praktisch nur über ideale Schalter möglich. Das Schaltverhalten solcher Schalter ist für die Entwickler ein Ziel. Ein solcher idealer Schalter (Bild 2-1) hätte die folgenden Eigenschaften:

- „Schalter offen" (Aus, sperrend): Es fließt kein Strom und somit treten keine Sperrverluste auf; am geöffneten Kontakt kann eine (fast) beliebig hohe Sperrspannung anliegen.

- „Schalter geschlossen" (Ein, leitend): Es fließt im Lastkreis ein von der Spannung und von der Last bestimmter Strom; am geschlossenen Schalter tritt kein Spannungsfall auf; er ist somit verlustlos.

- „Schalter betätigen" erfolgt verzögerungsfrei und leistungslos durch Steuerbefehle am Steuereingang durch die Schaltzustände „Ein"/"Aus".

- Schalterverschleiß – mechanisch oder elektrisch - tritt nicht auf.

- Schaltfrequenz ist (fast) beliebig hoch; Totzeiten und Ladungsspeichereffekte treten nicht auf.

- Schaltergrenzwerte für Spannung, Strom, Leistung und Frequenz fehlen völlig.

- Schalterbetriebstemperatur spielt keine Rolle.

Die heute marktgängigen Halbleiterschalter kommen vielen der genannten Anforderungen ziemlich nah. Sie haben aber im Gegensatz zum eben vorgestellten „idealen Schalter" unvermeidliche Verluste und einzuhaltende Grenzwerte, die keinesfalls überschritten werden dürfen, um unerwünschte Fehlfunktionen in der eingesetzten Schaltung zu vermeiden. Die Daten der Halbleiterschalter sind in den Datenblättern der Hersteller genannt. Besonders wird auf die Grenzwerte und Verluste hingewiesen.

Beim realen Halbleiterschalter entstehen prinzipbedingt Verluste. Diese Verluste treten beim Halbleiterschalter in folgender Weise auf:

- Sperrverluste beim Anliegen einer Sperrspannung, da ein kleiner temperaturabhängiger Sperrstrom fließt.
- Durchlassverluste beim Stromfluss, da der Bahnwiderstand einen kleinen Spannungsfall hervorruft.
- Steuerverluste bei der statischen und dynamischen Ansteuerung des Schalters.
- Schaltverluste wegen der endlichen Schaltzeit, d.h. beim Übergang vom stationären Schaltzustand "Aus" in den Zustand "Ein" oder umgekehrt, da der Halbleiterschalter gleichzeitig durch Spannung und Strom belastet wird.

Wegen der Temperaturabhängigkeit der in den Halbleiterschichten ablaufenden Prozesse der Eigenleitfähigkeit, führen Verluste zu Temperaturänderungen mit Rückwirkungen auf das Verhalten des Bauteils.

Beim Betrieb des Halbleiterschalters in der eingesetzten Schaltung sind folgende Grenzwerte zu beachten

- die Höhe der Sperrspannung und der Anstieg der Spannung du/dt,
- die Höhe des Schaltstromes und der Anstieg des Stroms di/dt,
- die Verzögerungszeiten, z.B. durch den Trägerspeichereffekt,
- die Höhe der Schaltfrequenz f_s (Schaltverluste) und
- die Betriebstemperatur der Sperrschicht.

Weiterhin sind noch betriebsmäßige Vorgänge wie Kurzschlüsse und Schaltüberspannungen zu berücksichtigen, die im Betrieb am öffentlichen Versorgungsnetz auftreten und nicht von der Schaltung verursacht werden.

2.2 Halbleiterschalter (Leistungshalbleiter)

Als Schalter in den Stromrichtern werden elektronische Schalter - Halbleiterschalter - eingesetzt, die auch wegen ihrer Wirkung auf den Stromfluss aus der Historie als „Ventile" bezeichnet werden. Als "Halbleiterventile" werden in den verschiedenen Stromrichterarten Dioden, Thyristoren und Transistoren in diversen Ausführungen und Bauformen sowie Schaltungen genutzt.

Im folgenden Abschnitt wird die Wirkungsweise der Halbleiterschalter und Einsatzfälle kurz beschrieben, um die Arbeitsweise der Stromrichter leichter verstehen zu können und um die den Stromrichtern von den Halbleiterventilen gesetzten Betriebsgrenzen aufzuzeigen.

2.2.1 Dioden

Die einfachsten Halbleiterschalter (Ventile) sind Dioden. Dioden haben zwei Anschlüsse: Die Anode (A) und die Kathode (K), vgl. Bild 2-2. Liegt eine positive Spannung zwischen Anode und Kathode, so ist das Ventil leitend. Dann ist die Diode in Durchlassrichtung gepolt und es fließt ein von der Spannung und der Last bestimmter Strom. Bei umgekehrter Polarität der Spannung U_{AK} sperrt die Diode. So „steuert" die anliegende Spannung das Verhalten des Bauteils; das Bauteil selbst ist nicht steuerbar. Mit Dioden aufgebaute Stromrichter charakterisiert man als "ungesteuerte" Stromrichter.

2.2 Halbleiterschalter (Leistungshalbleiter)

Die Ventil-Eigenschaften der Dioden werden in vielen Schaltungen genutzt. Vorwiegend erzeugen die verschiedenen Schaltungsvarianten aus einer Wechsel- oder Drehspannung eine Gleichspannung, wie Bild 2-3 für die oft eingesetzten Brückenschaltungen B2U und B6U (U = ungesteuert) zeigt. Der Kennbuchstabe U wird in der Bezeichnung oft weggelassen. Die Höhe der Ausgangs-Gleichspannungen U_z dieser Schaltungen hängt fest mit der angelegten Eingangswechselspannung $U_\sim$ zusammen. Dies ist für ungesteuerte Schaltungen charakteristisch.

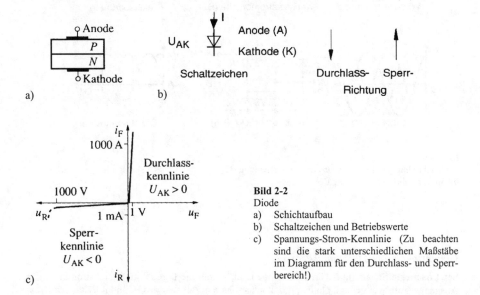

Bild 2-2
Diode
a) Schichtaufbau
b) Schaltzeichen und Betriebswerte
c) Spannungs-Strom-Kennlinie (Zu beachten sind die stark unterschiedlichen Maßstäbe im Diagramm für den Durchlass- und Sperrbereich!)

Die an der Diode auftretende Spannung in Durchlassrichtung liegt bei Siliziumdioden und den in der Leistungselektronik auftretenden Strömen im Bereich von ca. 1 bis 2,5 V. Bei einem Effektivwert des durch die Diode fließenden Stromes von z. B. 1.000 A und einer Durchlassspannung von 2,5 V entsteht im Bauteil eine Verlustleistung von 2,5 kW. Diese Verlustleistung muss an das Kühlmittel abgeführt werden.

Im Einsatz der Diode sind die folgenden *Grenzwerte* wichtig: *Spitzensperrspannung* U_{DRM}: höchstzulässiger Augenblickswert der auftretenden Spannung im Sperrzustand in Vorwärtsrichtung; *Spitzensperrspannung* U_{RRM}: höchstzulässiger Augenblickswert der auftretenden Spannung im Sperrzustand in Rückwärtsrichtung. Bei sinusförmigen Stromverläufen mit 50 Hz ist der für diesen Betriebsfall gültige *Dauergrenzstrom* I_{FAV}. Die Grenzwerte sind dem Datenblatt zu entnehmen.

Gleichrichterbetrieb

Die gezeigten Stromrichter arbeiten im Gleichrichterbetrieb; verkürzend spricht man daher von Gleichrichtern. So ist es z.B. auch beim Netzstromrichter eines U-Umrichters, der verkürzt "Netzgleichrichter" genannt wird. Bei Diodenschaltungen (netzgeführte ungesteuerte Stromrichter) ist nur eine Energierichtung möglich.

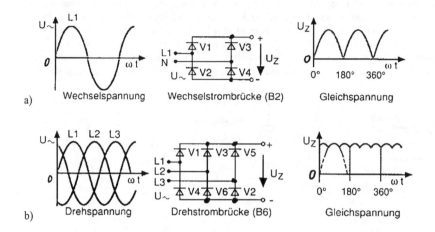

Bild 2-3
a) Gleichrichtung mit Wechselstrombrückenschaltung B2
b) Drehstrombrückenschaltung B6

Gleichrichtung mit Glättungsdrossel

Setzt man eine Schaltung nach Bild 2-4 oben ein, so soll die Drossel im Gleichstromkreis den Ausgangsstrom weitgehend glätten, d.h. konstant halten. Bei sehr großer Induktivität der Drossel würde der Laststrom ideal geglättet und wäre auch zeitlich konstant. In der Praxis wird das meist aus Kostengründen nicht erreicht; die Güte der Glättung hängt dann von der Größe der eingesetzten Induktivität ab. Bei optimaler Glättung fließen blockförmige Ströme im Wechselstromnetz. Über eine Fourieranalyse errechnet man den Grundschwingungsstrom und die auftretenden Oberschwingungsströme. Die erzwungenen Oberschwingungsströme sind unerwünscht. Der Stromrichter wirkt dadurch am Netz als Oberschwingungsgenerator. Das Problem wird später noch bei den Netzrückwirkungen betrachtet.

Gleichrichtung mit Glättungskondensator

Setzt man die Schaltung nach Bild 2-4 unten ein, so hält der Kondensator – bei ausreichender Kapazität - die Ausgangsspannung U_z weitgehend konstant; die Welligkeit der Gleichspannung hängt von der Kapazität und dem Laststrom ab. Übersteigt die Netzspannung die Kondensatorspannung, so wird die durch den Laststrom entnommene Ladung nachgeladen. In dieser Schaltung werden die Dioden allerdings erst in der Nähe des Spannungsmaximums leitend, wenn die Netzspannung die etwas abgesunkene Kondensatorspannung übersteigt. Dann wird der Kondensator mit starken Stromstößen in kurzer Zeit nachgeladen. Dadurch gibt es pulsförmige Ströme im Wechselstromnetz. Über eine Fourieranalyse errechnet man den Grundschwingungsstrom und die auftretenden Oberschwingungsströme. Auch diese erzwungenen

2.2 Halbleiterschalter (Leistungshalbleiter)

Oberschwingungsströme sind unerwünscht. Der Stromrichter wirkt dadurch am Netz als Oberschwingungsgenerator. Das Problem wird später noch bei den Netzrückwirkungen betrachtet. Bei den Drehstromschaltungen treten die oben besprochenen Probleme mit den nichtsinusförmigen Strömen in den drei Strängen des Netzes auf.

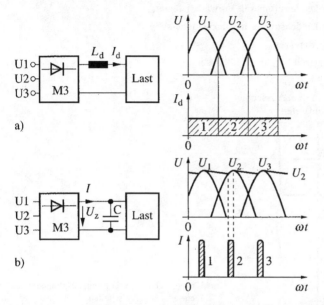

Bild 2-4 Gleichrichter mit Glättungseinrichtung und charakteristischen Spannungs- und Stromverläufen
a) Stromglättung durch eine Glättungsdrossel
b) Spannungsglättung durch einen Glättungskondensator

Dynamisches Verhalten der Diode

Das *dynamische Verhalten* gibt Auskunft über den zeitlichen Verlauf von Diodenspannung und -strom bei Laständerung oder Änderung der den Lastkreis speisenden Spannung U_0. Besonders anschaulich lässt es sich in einer Darstellung zeigen, bei der die Spannung U_0 einen rechteckförmigen Verlauf mit Polaritätswechsel besitzt. Bild 2-5 gibt den Verlauf von U_F, U_R, i_F und i_R in Abhängigkeit von U_0 wieder.

Die im Bild 2-5 auftretenden Größen haben folgende Bedeutung:

U_o die den Lastkreis speisende Spannung, hier rechteckförmiger Verlauf mit Polaritätswechsel,

u_F Spannung an der Diode in Vorwärtsrichtung,

u_R Spannung an der Diode in Rückwärtsrichtung,

i_F Strom durch die Diode in Vorwärtsrichtung,
i_R Strom durch die Diode in Rückwärtsrichtung,
u_{FM} Scheitelwert der Spannung im Sperrzustand in Vorwärtsrichtung,
u_{RM} wie u_{Fm}, aber in Rückwärtsrichtung,
i_{FM} Scheitelwert des Diodenstromes in Vorwärtsrichtung,
i_{Rm} Scheitelwert des Diodenstromes in Rückwärtsrichtung,
t_{fr} Durchlassverzögerungszeit,
t_{rr} Sperrverzögerungszeit.

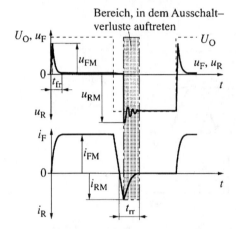

Bild 2-5
Dynamische Kennlinie einer Halbleiterdiode beim Ein- und Ausschalten

Das dynamische Verhalten ist beim Schaltbetrieb (z.B. bei Umrichtern) besonders wichtig.

2.2.2 Thyristoren

Bei Thyristoren gibt es verschiedene Arten und Ausführungen; hier sollen nur Thyristoren für den Betrieb am 50 oder 60 Hz Netz (Netz-Thyristoren) betrachtet werden.

Der Thyristor hat drei Anschlüsse: die Anode (A), die Kathode (K) und die Steuerelektrode Gate (G). Wie die Diode erlaubt auch der Thyristor nur einen Stromfluss in Durchlassrichtung von der Anode zur Kathode, vgl. Bild 2-6.

Die Kennlinie in Bild 2-6 unten hat drei voneinander unterscheidbare Bereiche, I, II und III. Der Bereich I wird *Vorwärts-Sperrzustand (oder Blockierzustand)* genannt und ist dadurch gekennzeichnet, dass die Anode positiv gegenüber der Kathode ist, der Gateanschluss unbeschaltet ist, bzw. kein Strom in den Gateanschluss eingespeist wird und ein sehr geringer Strom, der Sperrstrom der Sperrschicht S2, fließt. Er steigt mit zunehmender Anoden-Kathoden-Spannung an. Bei Erreichen des kritischen Spannungswertes $U(B0)0$, der *Nullkipp-*

2.2 Halbleiterschalter (Leistungshalbleiter)

spannung, ist der Sperrstrom so groß geworden, dass der unzulässige Zündvorgang einsetzt. Dieser Vorgang wird auch *Überkopfzünden* genannt.
In Bereich II befindet sich der Thyristor im Durchlasszustand. Es gilt die Durchlasskennlinie. Die Anoden-Kathoden-Spannung (Durchlassspannung) nimmt nur geringfügig mit steigendem Strom zu und beträgt weniger als 2,5 V bei Strömen von mehreren 1000 A.

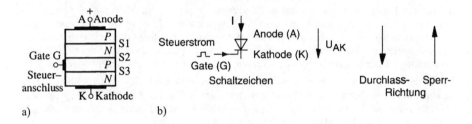

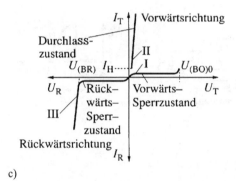

Bild 2-6
Thyristor
a) Schichtenfolge
b) Schaltbild und Betriebswerte
c) Strom-Spannungs-Kennlinie

Zum Zünden des Thyristors kann auf zwei Arten Ladungen in die Sperrschicht S2 eingebracht werden:
1. Durch Einspeisen eines Zündstromes in den Gateanschluss. Dies ist die normale Art der Zündung, da man Zeitpunkt und Dauer des Überganges in den leitenden Zustand durch den zeitlichen Verlauf des Gatestromes bestimmen kann.
2. Durch Bestrahlen mit Licht, die Energie des Lichtes erzeugt zusätzliche Ladungsträger in der Sperrschicht S2, und bei ausreichender Anzahl wird der Thyristor ebenfalls gezündet. Anwendung findet dieses Verfahren im *Fotothyristor*.

Die zwei folgenden Effekte können zu einem unkontrollierten und damit ungewollten Zünden eines Thyristors führen:
1. Durch den Sperrstrom selbst (Überkopfzünden); dabei hängt der Zündeinsatzpunkt unter anderem von der Temperatur ab.
2. Durch eine sehr große *Spannungssteilheit (du/dt)* der Anoden-Kathoden-Spannung. Da an der Sperrschicht S2 eine Spannung U steht und Ladungen Q vorhanden sind, kann man ihr gemäß $Q = C \cdot U$ eine Kapazität C zuordnen. Steigt nun die Anoden-Kathoden-Spannung

und damit die Spannung an S2 in sehr kurzer Zeit (Bereich einige Mikrosekunden) merklich an, so muss sich der Kondensator auf den neuen Spannungswert aufladen, es fließt also ein zusätzlicher "Lade"-Strom in die Sperrschicht. Erreicht dieser Strom einen bestimmten Wert, wird der Thyristor gezündet.

Durch geeignete Schutzschaltungen bzw. Schaltungsdimensionierung wird erreicht, dass das Zünden eines Thyristors durch die zuletzt genannten zwei Effekte verhindert wird.

Thyristoren können in Vorwärts- und in Rückwärtsrichtung sperren. Während eine Diode bei positiver Spannung U_{AK} sofort leitet, sperrt der Thyristor eine solche positive Sperrspannung in Vorwärtsrichtung bis er über einen Steuerstromimpuls (Zündimpuls) am Steueranschluss (Gate) angesteuert wird. Einmal eingeschaltet - gezündet - leitet er dann den Strom I in Durchlassrichtung bis der Haltestrom I_H unterschritten wird. Dann sperrt der Thyristor wieder.

Der Bereich III gilt für den *Rückwärts-Sperrzustand*, er wird durch die in Sperrichtung betriebene Diode mit der Sperrschicht S1 bestimmt. Solange die Spannung am Thyristor die *Spitzensperrspannung in Rückwärtsrichtung* (U_{RRM}) nicht überschreitet, bleibt er gesperrt. Es gilt: $|U_{BR}| > |U_{RRM}|$ ($U_{(BR)}$ Durchbruchspannung in Rückwärtsrichtung).

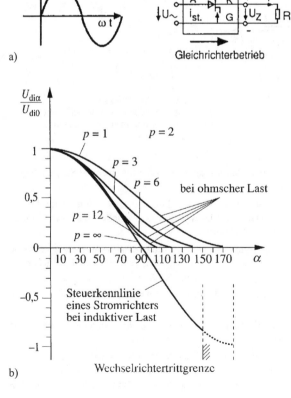

Bild 2-7
Steuerung der Ausgangsspannung mittels Thyristoren
a) Prinzip der Phasenanschnittsteuerung
b) Steuerkennlinien eines netzgeführten Stromrichters

2.2 Halbleiterschalter (Leistungshalbleiter)

Mit Thyristoren lässt sich in Stromrichtern die Ausgangsspannung U_z steuern. Über den Steuerwinkel α kann man die Zündung und damit den Einsatz des Stromflusses verzögern; man spricht von "gesteuerten" Stromrichtern (Kennbuchstabe C, controlled), vgl. Bild 2-7 a. Während der Leitphase wird die Netzspannung einfach an die Last geschaltet. Erst beim Unterschreiten des Haltestroms schaltet der Thyristor ab. Den Zusammenhang zwischen Steuerwinkel und Ausgangsspannung der verschiedenen Stromrichterschaltungen bei ohmscher und induktiver Last zeigen die Steuerkennlinien in Bild 2-7 b.

Wechselwegschaltungen werden im Wechsel- und Drehspannungsnetz eingesetzt. In diesen Schaltungen werden je Strang zwei antiparallele Thyristoren eingesetzt, einer für jede Stromrichtung, wie Bild 2-8 zeigt. Sie werden in jeder Halbschwingung neu gezündet.

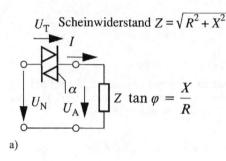

a)

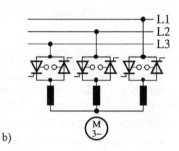

b)

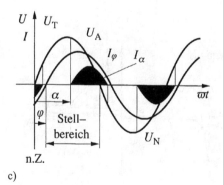

c)

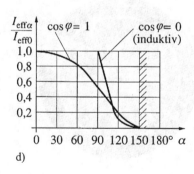

d)

Bild 2-8 Wechselwegschaltungen
    a) Schaltung W1C
    b) Schaltung W3C
    c) Spannungs- und Stromverlauf
    d) Steuerkennlinie für W1C und W3C bei ohmscher und induktiver Last

Bei kleinen Leistungen (< 10 kW) werden auch Triacs eingesetzt. Bei diesen Bauteilen sind die beiden antiparallelen Thyristoren auf einem Chip integriert. Dadurch wird der Aufbau und die Ansteuerung einfacher.

Der Triac

Der Triac kann in seiner Wirkungsweise mit zwei antiparallel geschalteten Thyristoren verglichen werden (Zweirichtungsthyristor). Ungesteuert sperrt der Triac in beiden Spannungsrichtungen; durch einen Zündimpuls wird er eingeschaltet. Er erlischt im natürlichen Strom-Nulldurchgang.

2.2.3 Der Abschaltthyristor (GTO)

Jeder Thyristor lässt sich auch über einen negativen Gatestrom abschalten; dieser Effekt ist beim Netzthyristor jedoch schwach ausgeprägt und wird nicht genutzt. Beim GTO-Thyristor (Bild 2-9) ist das Abschaltverhalten durch verschiedene Maßnahmen verstärkt:

- Stark aufgefächerte Gate-Elektrode und
- spezieller Aufbau und Dotierung der einzelnen Zonen (Shortung der Anodensperrschicht).

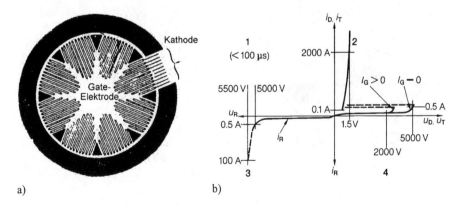

Bild 2-9 Abschaltthyristor (GTO) (International Rectifier)
a) Fingerelektrode
b) Kennlinie und Werte eines modernen Leistungs-GTOs

Der GTO wird wie ein «normaler» Thyristor eingeschaltet. Der Steuerstrom am Gate ist etwas erhöht. Eine dauernde verminderte Ansteuerung in der Leitphase senkt die Durchlassverluste.

2.2 Halbleiterschalter (Leistungshalbleiter)

Zum Abschalten muss ein negativer Löschstromimpuls mit hoher Flankensteilheit in der Größenordnung von 1/3 bis 1/5 des Laststroms fließen. Ein Entlastungsnetzwerk (RCV, Snubber) begrenzt beim Abschalten den Anstiegs der Anoden-Katoden-Spannung auf zulässige du/dt-Werte. Der Einsatzbereich der GTO-Thyristoren liegt wegen der aufwendigen Steuerung im MW-Bereich; im darunterliegenden Leistungsbereich wurde er weitgehend durch IGBTs aus den Stromrichtern verdrängt.

2.2.4 Der Insulated-Gate-Controlled Thyristor (IGCT)

Beim IGC-Thyristor wird über eine MOSFET-Ansteuerung ein- und ausgeschaltet. Er vereint die Vorteile des GTO mit denen des IGBT. Eingeschaltet wird über eine Steuerspannung am Gate. Die Steuerschaltkreise sind sehr kompakt und induktivitätsarm auf der Platine des Leistungsteils aufgebaut; di_G/dt ist z.B. größer als 3000 A/µs. Er schaltet sehr hart.

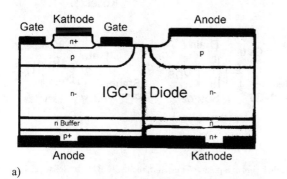 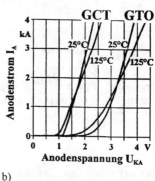

a) b)

Bild 2-10 Insulated-Gate-Controlled Thyristor (IGCT) (ABB)
a) Schichtenaufbau eines IGCTs mit Freilaufdiode
b) Kennlinien im Durchlassbereich

Das neue Bauelement lässt sich über einen MOS einschalten und arbeitet dann wie ein Thyristor jedoch mit geringeren Durchlassverlusten. Eine Freilaufdiode lässt sich gut monolithisch integrieren (Bild 2-10). Die Verzögerungszeit liegt unter 2 µs und die Grenzfrequenz über 20 kHz.

2.2.5 Transistoren

Transistoren werden in mehreren Arten und Ausführungen gebaut und in der Leistungselektronik in Stromrichterschaltungen eingesetzt. Es gibt

- bipolare Transistoren (BTR, Leistungstransistoren)
- unipolare Transistoren (MOS-FET, Feldeffekttransistoren) und
- den Mischtyp IGBT (Insulated Gate Bipolar-Transistor). Der IGBT gewinnt zunehmend an Bedeutung.

Transistoren haben drei Anschlüsse. Bild 2-11 zeigt den Schichtenaufbau und die Schaltzeichen mit der Bezeichnung der Anschlüsse sowie den Strom- und Spannungsrichtungen.

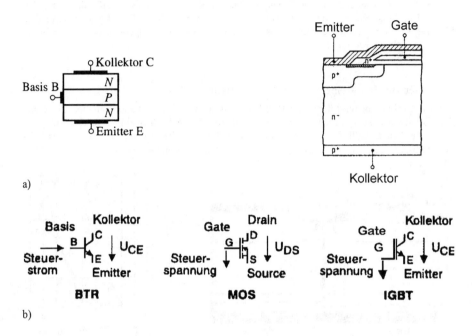

Bild 2-11 Transistoren a) Schichtenaufbau (links: bipolarer Transistor, rechts: IGBT) b) Schaltzeichen

Transistoren können in Vorwärtsrichtung eine Sperrspannung aufnehmen (Bild 2-12). Über die Ansteuerung am Steueranschluss wird der Stromfluss durch den Transistor beliebig ein- und auch wieder ausgeschaltet. Durch diese Steuerung "leiten" und "sperren" Transistoren fast verzögerungsfrei, während Dioden und Netz-Thyristoren erst nach dem natürlichen Nulldurchgang eines fließenden Stromes wieder sperren.

Transistoren benötigen während der Leitphase (Ein- oder Durchlasszustand) eine dauernde Ansteuerung über die Steuerelektrode. Die Art der Ansteuerung ist bei den verschiedenen Typen unterschiedlich.

Bei den bipolaren Transistoren (BTR) ist ein relativ hoher Dauer-Steuerstrom I_B in der Basis notwendig. Dagegen reicht bei den MOS-FET-Transistoren im stationären Betrieb eine dauernd anliegende Steuerspannung U_{GS} zwischen Gate und Source aus. Bei jedem Steuervorgang (Übergangsvorgang) wird die Gate-Eingangskapazität umgeladen. Das führt bei hohen Schaltfrequenzen zu erheblichen dynamischen Steuerströmen.

Während bei den bipolaren Transistoren der Steuerstrom I_B an der Basis stört, ist bei den MOSFET-Transistoren der relativ hohe Durchlasswiderstand $R_{DS(on)}$ nachteilig, da er bei Stromfluss hohe Durchlassverluste verursacht.

2.2 Halbleiterschalter (Leistungshalbleiter)

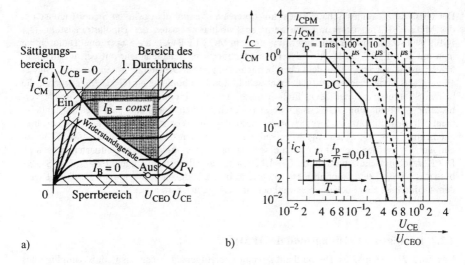

Bild 2-12 Bipolarer Transistor
a) Kennlinienfeld
b) SOAR-Diagramm für zulässigen Betrieb (SOAR: **S**afe **O**perating **AR**ea)

2.2.6 IGBT

Beim Typ IGBT (Insulated Gate Bipolar Transistor) werden die genannten Nachteile des MOSFETs und des bipolaren Transistors vermieden.

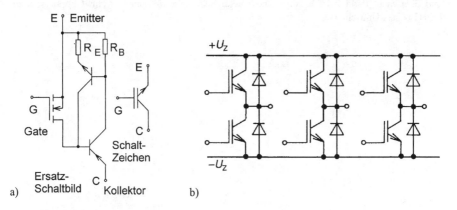

Bild 2-13 IGBT (Insulated Gate Bipolar Transistor)
a) Ersatzschaltbild und Schaltzeichen
b) B6C-Schaltung eines Frequenzumrichters (IGBT mit inversen Freilaufdioden)

Der IGBT ist als reines Schaltelement konzipiert und vereint die positiven Steuer-Eigenschaft des MOS-FET-Transistors mit den geringen Durchlassverlusten des Bipolartransistors. Der IGBT ist also ein Bipolartransistor mit isoliertem MOS-FET-Gate als Steuerzone. Dadurch hat man mit dem IGBT ein leicht und verlustarm steuerbares Schaltelement mit geringen Durchlassverlusten entwickelt, das dem oben betrachteten idealen Schalter sehr nahe kommt. Bild 2-13 zeigt das Schaltzeichen und das Ersatzschaltbild eines homogenen IGBT. Man erkennt die beiden Strukturen mit den MOS-FET-Steuerteil und den bipolaren Transistorteil für die verlustarme Stromführung. IGBT-Bauteile sind durch ihr Schaltverhalten fast ideale Schaltelemente für den Einsatz in Stromrichtern, besonders in Wechselrichterschaltungen bei Frequenzumrichtern mit Spannungszwischenkreis. Im Leistungsbereich von etwa 100 W bis zu einigen MW werden sie fast nur noch eingesetzt und haben die anderen Ventilarten verdrängt. Der Kurzschlussschutz wird durch U_{CE}-Überwachung realisiert. Im Gegensatz zum MOS-FET besitzt der IGBT keine monolithisch integrierte Inversdiode, sie müssen extra beschaltet werden. Dadurch ist aber auch die Auswahl der Dioden-Eigenschaften frei.

2.2.7 Intelligente Leistungsmodule (IPM)

Das Bild 2-14 zeigt das Blockschaltbild eines intelligenten Leistungsmoduls (Intelligentes Power Modul, IPM) für einen Wechselrichterstrang eines U-Umrichters. In diesem monolithischen Modul sind nicht nur die Leistungsschalter (IGBT-Elemente) integriert, sondern auch die erforderliche Treiberelektronik mit ihrer kompletten Stromversorgung. Ergänzt wird die Elektronik durch die Überwachungsmodule für Spannung, Strom und thermischen Zustand. Meist ist auch bereits noch ein IGBT für einen möglichen Brems-Chopper vorgesehen. Die Ansteuerung kann direkt von dem Prozessor aus der Umrichtersteuerung erfolgen.

Diese komplexen Bauteile eignen sich besonders gut zum Bau kleiner Frequenzumrichter, da sie den Platzbedarf radikal reduzieren. Zum Teil geht die Abnahme der Abmessungen von Umrichtern auf den Einsatz solcher Bauteile zurück.

Werden die Einzelschalter zu groß, so werden sie über integrierte Ansteuerbausteine gesteuert und überwacht. Bild 2-14 b zeigt eine solche Schaltung für einen Brems-Chopperschalter (IGBT) eines Umrichters.

2.2 Halbleiterschalter (Leistungshalbleiter)

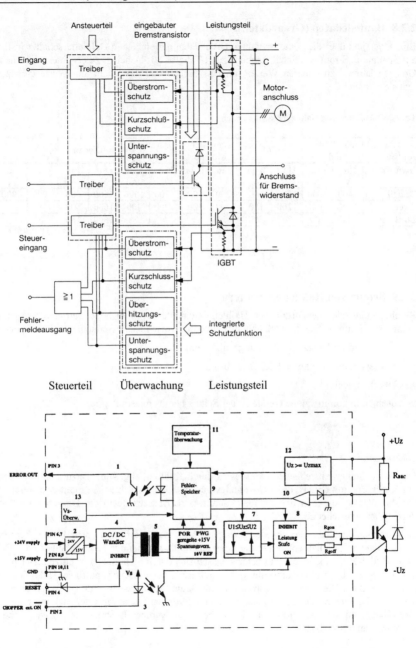

Bild 2-14 Integrierte Schaltungen a) Powermodul (Mitsubishi) b) Treiber für IGBT (Semikron)

2.2.8 Bauteiledaten (Grenzdaten)

Eine Übersicht über die heute erreichten Grenzdaten der einzelnen Halbleiterschalter in Bezug auf Spannung, Strom und Schaltfrequenz zeigt Tabelle 2-1. Dabei ist zu beachten, dass sich die Grenzen laufend zu höheren Werten hin verschieben und dass nicht alle Werte gleichzeitig realisierbar sind.

Tabelle 2-1 Daten von Halbleiterbauelementen

Bauteil Aufbau	IGBT-Module		IPM		Transistor-Module		Darlington (B=750)		Dioden		GTO-Thyristoren	
Grenzdaten	U in V	I_C in A	U in V	I_C in A	U in V	I_C in A	U in V	I_C in A	U in V	I in A	U in V	I in A
Bauteil	1400	1000	1200	300	1200	600	1200	1000	1600	500	6000	6000
Zweig	1400	300	1200	150	1200	300	1200	300	1600	500		
B6-Brücke	1400	100	1200	75					1600	150		

Daten: Mitsubishi 1997 GSG 97/05

2.2.9 Schutz von Halbleiterschaltern

Beschädigung oder Zerstörung von Halbleiterelemente durch zu hohe Betriebswerte sind zu vermeiden. Beim Aufbau einer Schaltung sind daher verschiedene Schutzmaßnahmen gegen:

- Überstrom im Kurzzeit- oder Langzeitbereich,
- Überspannungen während des Betriebs und
- Übertemperatur

vorzusehen. In kommerzielle Geräte ist der Schutz bereits meist integriert.

Überstrom

Die im Halbleiter entstehende Wärme wird durch Kühlung abgeführt. Dazu sind die Bauteile auf Kühlkörpern montiert, die u.U. fremdgekühlt werden. In Schränken montierte Geräte führen die Wärme direkt in den Schrank, durch extra Ausschnitte in die Umgebungsluft oder durch Wärmetauscher ab.

Halbleiterschalter haben wegen der geringen Masse der Sperrschicht sehr kleine thermische Zeitkonstanten. Folglich entspricht die Sperrschichtübertemperatur fast trägheitslos der Belastung (Bild 2-15). Dioden und Thyristoren lassen sich durch Sicherungen schützen. Der passive Schutz gegen Überstrom (Kurzschluss) ist durch richtig bemessene superflinke Halbleitersicherungen möglich. Die Sicherung wird nach dem Bauteilegrenzlast-Integral (i^2t-Wert) so bemessen; dass das Integral des höchstzulässigen sinusförmigen Überstroms der Sicherung über der Zeit (Datenblatt) ausreichend kleiner ist. Sicherungen werden als Strang- oder Zweigsicherungen eingebaut (Bild 2-16).

2.2 Halbleiterschalter (Leistungshalbleiter)

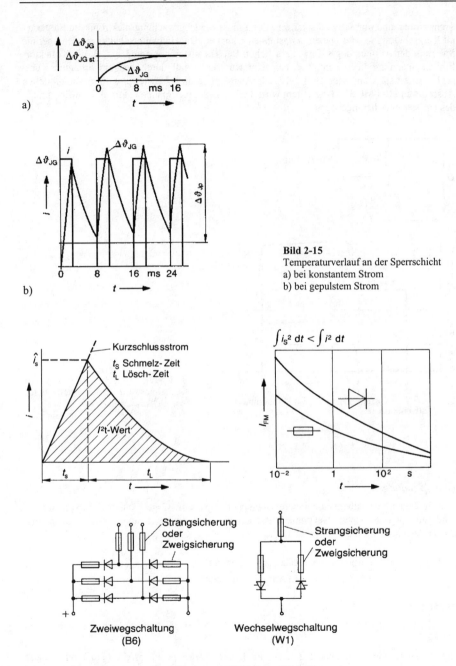

Bild 2-15
Temperaturverlauf an der Sperrschicht
a) bei konstantem Strom
b) bei gepulstem Strom

Bild 2-16 Überstromschutz durch Sicherungen bei Dioden und Thyristoren

Transistoren sind nur aktiv zu schützen. Dazu muss die Überwachungselektronik im Steuergerät Kurzschlussfälle oder Dauerüberlastungen erkennen. Die Halbleiterschalter werden über die Sperrung der Ansteuerung sofort abgeschaltet. Bei Transistoren wird dazu z. B. die Kollektor-Emitter-Spannung überwacht. Sie steigt im Kurzschlussfall durch den eingeprägten Kurzschlussstrom stark an, siehe Bild 2-17. Die Auswertung dieses Kriteriums führt zur schnellen Abschaltung. Bei MOSFET-Schaltern wird die Drain-Source-Spannung zur aktiven Erkennung des Überstromes herangezogen.

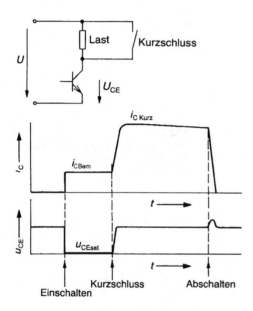

Bild 2-17
Überstromschutz bei Transistoren durch aktive Überwachung

Überspannungen

Bei Geräten treten äußere und innere Überspannungen auf. Gegen äußere Überspannungen wird ein den örtlichen Netzverhältnissen am Aufstellungsort angepasster Spannungs-Sicherheitsfaktor für die Stromrichteranlage

$$k = \frac{\text{zulässige periodische Spitzensperrspannung}}{\text{Scheitelwert der höchsten Anschlußspannung}} \qquad (2.1)$$

gewählt; er liegt zwischen 2 und 2,5.
Ein Thyristor mit 1400V Sperrspannung hat danach am 400V Netz einen Sicherheitsfaktor von etwa 2,5.
Innere Überspannungen entstehen z.B. durch den Trägerspeichereffekt (TSE) oder durch Schalthandlungen in der Anlage.

2.2 Halbleiterschalter (Leistungshalbleiter)

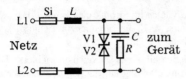

Bild 2-18
Eingangsbeschaltung eines Gerätes

Diese Überspannungen werden durch Beschaltung der Ventile bekämpft. Dazu werden parallel zu den Halbleiterschaltern oder dem Geräteeingang RC-Glieder geschaltet. Diese RC-Glieder übernehmen somit (Bild 2-19):

- Die Bekämpfung von Überspannungen, die durch den TSE-Effekt mit plötzlichem Abreißen des Halbleiterrückstroms hervorgerufen werden (a, b),
- die Begrenzung der Spannungssteilheit (du/dt) und
- die gleichmäßige Spannungsaufteilung bei Reihenschaltung.

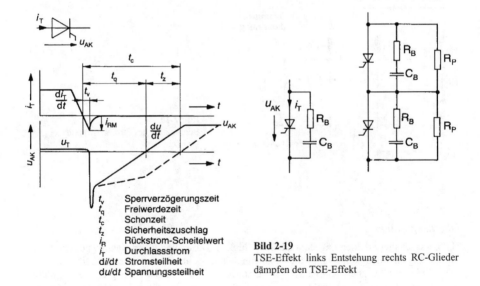

t_v Sperrverzögerungszeit
t_q Freiwerdezeit
t_c Schonzeit
t_z Sicherheitszuschlag
i_R Rückstrom-Scheitelwert
i_T Durchlassstrom
di/dt Stromsteilheit
du/dt Spannungssteilheit

Bild 2-19
TSE-Effekt links Entstehung rechts RC-Glieder dämpfen den TSE-Effekt

Ist bei hohen Netzspannungen eine Reihenschaltungen von Halbleiterschaltern notwendig, so ist eine Beschaltung mit Parallelwiderständen zur Spannungssteuerung notwendig. Gegen Schaltüberspannungen werden die Geräte-Ein- und Ausgänge beschaltet.

Stromsteilheit (di/dt)

Die Stromsteilheit in den Bauteilen wird durch Induktivitäten im Stromkreis begrenzt. Bei sehr starren Netzen und Kondensatorlast des Stromrichters, z. B. bei Frequenzumrichtern, sind zusätzliche Drosseln in den Netzzuleitungen vorzusehen.

Bild 2-20 zeigt den Drosseleinsatz im Wechselrichterteil eines Frequenzumrichters. Die Stromteilerdrosseln sorgen für eine gleichmäßige Stromaufteilung auf die parallelgeschalteten Thyristoren.

Um die Stromanstiegsgeschwindigkeit (di/dt) zu reduzieren, werden Drosseln (L_1, L_2) vor das Bauteil geschaltet.

Auch abgeschirmte Motorzuleitungen haben erhebliche Kapazitäten gegen Erde. Ist der Motor mehr als 50 m vom Umrichter entfernt, sind wegen der Leitungskapazitäten Ausgangsdrosseln am U-Umrichter vorzusehen, um Störungen durch Überströme zu vermeiden.

Angaben zur Bemessung der RC-Glieder (TSE) und der Begrenzungs-Drosseln findet man in den Katalogen der Hersteller.

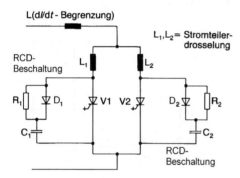

Bild 2-20
Begrenzung des Stromanstiegs durch Drosseln

Übertemperatur

Halbleiterschalter arbeiten mit Störstellenleitfähigkeit. Dieser überlagert sich temperaturabhängig die Eigenleitfähigkeit. Damit die Störstellenleitfähigkeit und das daraus resultierende gewünschte Verhalten überwiegt ist der Temperaturbereich für den Betrieb begrenzt. Die größten Verluste ergeben sich im Schaltbetrieb. Beispielhaft ist das Prinzip bei einem Transistor gezeigt (Bild 2-21). Die Verluste erwärmen das Bauteil; sie müssen abgeführt werden.

Wird ein Basisstrom in die Basis eingespeist, so vergeht bis zu einem merklichen Anstieg des Kollektorstromes (10% vom Endwert) die *Verzögerungszeit* t_d; anschließend steigt der Kollektorstrom innerhalb der *Anstiegszeit* t_r auf 90% des Endwertes. Gleichzeitig sinkt die Kollektor-Emitter-Spannung auf ca. 10% des ursprünglichen Wertes ab. Der Transistor benötigt eine endliche Zeit (einige Mikrosekunden), um in den leitenden Zustand zu gelangen. In dieser Zeit treten die erheblichen Schaltverluste auf, da Spannung und Strom gleichzeitig anstehen. Während des Überganges vom sperrenden in den leitenden Zustand entsteht am Transistor eine

2.2 Halbleiterschalter (Leistungshalbleiter)

zeitabhängige Leistung p, deren prinzipieller Verlauf eingezeichnet ist. Sie ergibt sich zu $p = u_{CE} \cdot i_C$. Die unter dieser Kurve enthaltene Fläche ist ein Maß für die bei einem Einschaltvorgang entstehende Verlustleistung. Die Schaltverluste begrenzen so die Schaltfrequenz.

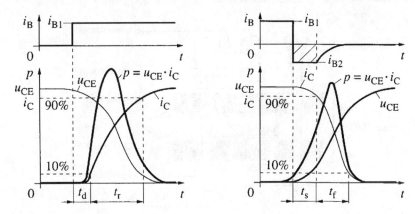

Bild 2-21 Schaltverluste beim Ein- und Ausschalten am Beispiel eines Transistorschalters

Beim Übergang vom leitenden in den sperrenden Zustand fließt aus der Basis zunächst ein Strom i_{B2} für die Dauer t_s *(Speicherzeit)* aus der Basis heraus (Bild 2-21 rechts). Während dieser Zeit ändert sich der Kollektorstrom kaum. Erst nach Ausräumen der Basisladungen (schraffierter Teil) beginnt der Basisstrom und damit auch der Kollektorstrom abzunehmen *(Abfallzeit t_f)*, die Vorgänge ähneln jetzt denen beim Einschalten. Deshalb gelten die beim Einschaltvorgang dargestellten Folgerungen auch beim Ausschalten, allerdings mit dem wesentlichen Zusatz, dass beim Ausschalten eines Transistors zusätzlich noch eine *Speicherzeit t,* auftritt, die um einiges größer ist als die *Verzögerungszeit t_d* beim Einschaltvorgang (Faktor 2 bis 10).

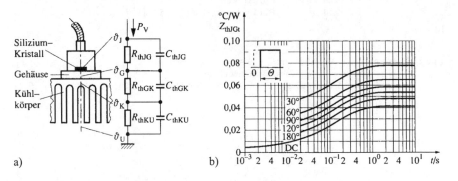

Bild 2.22 Wärmeabfuhr bei Halbleitern
a) Thermisches Ersatzschaltbild mit Wärmewiderständen
b) Transienter innerer Wärmewiderstand Z zwischen Sperrschicht und Gehäuse

a)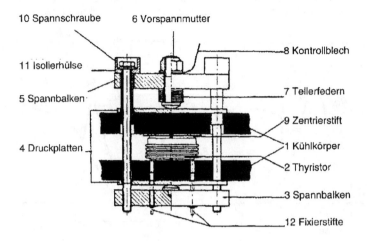

b)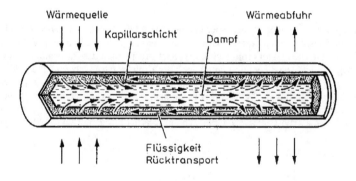

Bild 2-23 Wärmeabfuhr bei Halbleitern
a) Scheibenthyristor im Kühlsystem (Semikron)
b) Effektiver Wärmetransport über Wärmerohr (Heatpipe)

3 Stromrichterkomponenten

Stromrichter sind in den meisten Anwendungen in komplizierte Fertigungsabläufe eingebunden. Die Kommunikation erfolgt dann in der Regel über Bussysteme. Weiterhin sind außer den in Kapitel 2 beschriebenen Leitungshalbleitern weitere Komponenten erforderlich, um Stromrichter zu betreiben. Am Beispiel eines Asynchronantriebs ist ein Frequenzumrichter mit Spannungszwischenkreis (U-Umrichter) mit seinen beiden Stromrichterbaugruppen (SR I und SR II), dem Gleichspannungszwischenkreis und dem Stromrichtertransformator im Prinzip dargestellt.

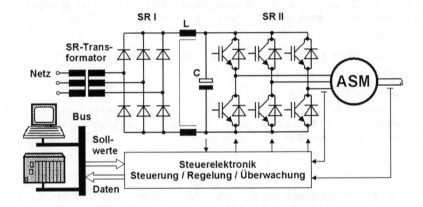

Bild 3-1 U-Umrichter mit Asynchronmaschine und weiteren Komponenten

Zur Spannungsanpassung des Stromrichters an das Energieversorgungsnetz oder zur Potentialtrennung werden Transformatoren eingesetzt. Drosseln haben die Aufgabe als induktive Blindwiderstände z.B. Oberschwingungsströme zu verkleinern. Kondensatoren werden eingesetzt, um Spannungsoberschwingungen zu glätten, zu bedämpfen oder um Stoßströme für Kommutierungsvorgänge zu erzeugen.

Bei diesem Betrieb werden die Bauteile anders als bei Sinusbetrieb belastet. Es können dabei höhere Kupfer- und Eisenverluste entstehen; dies ist bei der Bemessung zu berücksichtigen. Die dabei auftretende Kurvenform des Stromes ist eher rechteckförmig als sinusförmig. Diese Kurvenform tritt auf, wenn bei netzgeführten Stromrichtern der Gleichstrom durch eine große Drossel gut geglättet wird, oder, wenn bei Kondensatorlast des netzgeführten Stromrichters der Nachladestrom auf den Kondensator nur während einer kurzen Zeit fließt. Bild 2-4 zeigt die Verhältnisse.

3.1 Transformatoren

Transformatoren (Umspanner) sind ruhende elektrische Maschinen. Grundlage ihrer Wirkungsweise ist das elektromagnetische Feld. Ein Transformator formt die der Primärseite zugeführte Spannung in eine andere gewünschte Spannung auf der Sekundärseite um. Die Frequenz bleibt dabei gleich.

Um die bei der Übertragung elektrischer Energie entstehende Verlustleistung ($P_V = I^2R$), die quadratisch von der Stromstärke abhängt, klein zu halten, benutzt man höhere Spannungen. Bei gleicher Leistung erhält man so kleinere Ströme. Der Leistungsbereich der Transformatoren umfasst eine große Spanne von Klingeltransformatoren mit wenigen VA bis zu Grenzleistungstransformatoren für den Netzbetrieb mit Leistungen über 1.000 MVA und Oberspannungen von 400 kV. In Netzteilen kleiner Geräte der Konsumelektronik, Messtechnik oder Nachrichtentechnik befinden sich Transformatoren zur Spannungsanpassung. Bei der Vielfalt der Einsatzgebiete von Transformatoren soll im Folgenden der Schwerpunkt auf die Anwendung im Zusammenspiel mit Stromrichtern liegen, wozu auch die genannten Netzteile gehören.

Aufgaben von Stromrichtertransformatoren sind:

- Spannungsanpassung der Stromrichterspannung an die Netzspannung
- Potentialtrennung, wenn dies z. B. aus schaltungstechnischen Gründen erforderlich ist
- Reduzierung der Netzrückwirkungen

Dabei ist zu beachten, dass die Spannungen und/oder Ströme nicht mehr sinusförmig sind. Im Transformatorstrom treten Oberschwingungen auf. Die Primärscheinleistung S_P ist abhängig von der Pulszahl p des angeschalteten Stromrichters. Man erhält:

$$S_P = P_{di0} \cdot \frac{\pi/p}{\sin \pi/p} \qquad (3.1)$$

Danach nähert sich der Primärstrom mit wachsender Pulszahl p immer besser der Sinusform. Für den Fall $p = \infty$ ist der Primärstrom rein sinusförmig und Gleichstromleistung P_{di0} sowie Primärscheinleistung S_P stimmen überein. Abweichend davon findet man für die Mittelpunktschaltung M3 die Sekundärscheinleistung S_S des Stromrichtertransformators zu:

$$S_S = P_{di0} \cdot \frac{\pi}{\sqrt{2} \cdot \sqrt{3} \cdot \sin \pi/3} \qquad (3.2)$$

Bei der M3-Schaltung ohne Zickzackwicklung führt der Betrieb zur Gleichstromvormagnetisierung. Will man das vermeiden, erhöht sich die sekundäre Scheinleistung durch den Einsatz der Zickzackwicklung um den Faktor $2/\sqrt{3}$.

Bei Brückenschaltungen stimmen Primär- und Sekundär-Scheinleistung überein. Die Berechnung erfolgt nach Gleichung 3-1.

Der Mittelwert von Primär- und Sekundär-Scheinleistung wird als Typenleistung oder Bauleistung des Stromrichtertransformators bezeichnet. Er legt die Größe und den Materialaufwand fest.

Tabelle 3-1 zeigt die Transformatorschaltungsdaten der wichtigsten Stromrichterschaltungen.

3.2 Drosseln

Tabelle 3-1 Schaltungsdaten von Stromrichtertransformatoren

Stromrichterschaltung nach IEC DIN 41 761 (Vornorm)	q	p	Schaltgruppe des Stromrichtertransformators (und auf der Saugdrossel)	Zeigerbild der ventilseitigen Wechselspannungen	$\frac{U_{dl}}{U_{v0}}$	$\frac{S_{LI}}{U_{di} \cdot I_d}$	$\frac{I_v}{I_d}$	Kurzschlußverbindungen bei den Messungen der Verluste P_A	Lastverluste P_{vt} P_B	Kurzschlußverbindungen bei der Bestimmung von u_{kt}	$\frac{d_{xt}}{u_{xt}}$
1	2	3	4	5	6	7	8	9	10 11 12	13 14	15
1	M 2	2	2	lin	U_{v0} 1-N-2	0,45	1,11	0,707	M-1 M-2	$\frac{P_A + P_B}{2}$ 1-2	0,707
2	M 3/0 M 3/30 M 3/60 M 3/90	3	3	Dzn0 Yzn5 Dzn6 Yzn11	U_{v0}	0,675	1,21	0,577	1-2-3	$P_A + \frac{r_2}{3} \cdot I_d^2$ 1-2-3	0,866
	M 3/30			Dyn5	U_{v0}						
3	M 6/30	6	6	Dyn (5+11)	U_{v0}	1,35	1,05	0,408	1-3-5 2-4-6	$1,5 \frac{P_A + P_B}{2}$ 1-2	1,50 bis 0,50
4	B 2	2	2	II	U_{v0}	0,9	1,11	1,0	1-2	P_A 1-2	0,707
5	B 6/30 B 6/0	3	6	Dd0 oder Yy0 Dy5 oder Yd5	U_{v0}	1,35	1,05	0,816	1-2-3	P_A 1-2-3	0,500

q	Kommutierungszahl
p	Pulszahl
U_{di}	ideelle Gleichspannung bei Vollaussteuerung
U_{v0}	ventilseitige Leerlaufspannung zwischen den Wechselstromanschlüssen zweier kommutierender Stromrichterhauptzweige
S_{LI}	ideelle netzseitige Scheinleistung
I_d	Gleichstrom
$U_{di} \cdot I_d$	ideelle Gleichstromleistung
I_v	ventilseitiger Leiterstrom (evtl. auftretende Kreisströme nicht berücksichtigt)
$u_{xt} \cdot U_{xt}/U_L$	induktive Komponente der relativen Kurzschlußspannung; bei größeren Transformatoren: $u_{xt} \approx u'_{kt}$
d_{fxt}	Anteil der relativen induktiven Gleichspannungsänderung aus den Streuinduktivitäten des Stromrichtertransformators
r_2	ohmscher Widerstand eines ventilseitigen Wicklungsstranges
zu Spalte 1:	Bezeichnung der Stromrichterschaltung nach IEC-Publikation 84 und IEC-Publikation 146
zu Spalte 2:	Bezeichnung der Stromrichterschaltung nach DIN 41 761
zu Spalte 13:	Formeln zur Berechnung der Lastverluste des Stromrichtertranformators im Stromrichterbetrieb

3.2 Drosseln

Drosseln liegen entweder vor dem Stromrichter im Wechselstrom- oder Drehstromkreis, z.B. als Kommutierungsdrosseln, um die Netzrückwirkungen zu vermindern, oder hinter dem

Stromrichter, z.B. als Glättungsdrossel, um den Gleichstrom zu glätten. Sie können am Ausgang des Umrichters auch die Aufgabe haben zusammen mit Kondensatoren Oberschwingungen herauszufiltern.

Vor dem Stromrichter verringern die Kommutierungsdrosseln L_k die Rückwirkungen auf die parallelen Verbraucher (Bild 3-2). Die Kommutierungsdrossel soll eine Kurzschlußspannung u_k von mindestens 4% haben, wenn die Stromrichterleistung 1% der Netzkurzschluss-Leistung des Netzes an der Anschlußstelle beträgt.

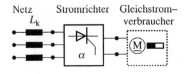

Bild 3-2
Einsatzort der Kommutierungsdrosseln L_k vor dem Stromrichter

Glättungsdrosseln L_d sollen den Gleichstrom glätten, d.h. die vorhandenen Oberschwingungsströme möglichst stark verringern. Die Oberschwingungsströme hängen in ihrem Frequenzspektrum von der eingesetzten Stromrichterschaltung ab. Die Amplitude wird von der Leerlaufgleichspannung und vom Steuerwinkel bestimmt; die Überlappung u sei hier vernachlässigt. Bei der Bemessung reicht es erfahrungsgemäß aus, nur die Oberschwingungen niedriger Frequenz zu betrachten. Auf die höherfrequenten Anteile wirken die Drosseln stärker; dabei nimmt auch noch die Amplitude ab (Bild 3-3).

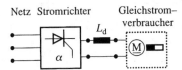

Bild 3-3
Einsatzort der Glättungsdrossel L_d hinter dem Stromrichter

Die erforderliche Induktivität L in der gesamten Anordnung berechnet sich zu:

$$L = \frac{U_v}{\omega_v \cdot I_{vzul}} \quad (3.3)$$

mit der Oberschwingungsspannung U_v, der Oberschwingungskreisfrequenz ω_v und dem zulässigen Oberschwingungsstrom I_{vzul}. Die Induktivität der tatsächlich zu installierenden Glättungsdrosselspule verringert sich, da die Netzinduktivität und die Lastinduktivität mit eingehen:

$$L_d = L - L_{Netz} - L_{Last} \; . \quad (3.4)$$

Hinweise zur Bemessung finden sich bei den Stromrichterschaltungen.

3.3 Kondensatoren

In leistungselektronischen Schaltungen werden Kondensatoren mit verschiedenen Zielen eingesetzt. Die Stützung und Glättung von Gleichspannung am Eingang oder Ausgang von Stromrichtern sowie die Lieferung von stoßförmigen Strömen zur Einleitung von Kommutierungsvorgängen oder zur Bedämpfung von Spannungsspitzen an Leistungshalbleitern gehören zu seinen Aufgaben.

Wird eine konstante Gleichspannung zur Versorgung eines Verbrauchers benötigt, kann die in der Regel zeitlich nicht konstante Ausgangsspannung eines Stromrichters (z. B. B2, B6) mit Hilfe eines Glättungskondensators geglättet werden (Bild 3-4 a). Wegen der Kompaktheit werden hierzu fast ausschließlich Aluminium-Elektrolyt-Kondensatoren mit rauen, also oberflächenvergrößernden Folien verwendet. Diese sind aufgrund ihres Aufbaus nur für den Betrieb mit Gleichspannung geeignet (gepolte Aluminium-Elektrolyt-Kondensatoren).

Pulsförmige Eingangsströme führen zusammen mit der in dem Stromkreis vorhandenen Induktivität zu Spannungsschwankungen. Um diese Spannungsschwankungen klein zu halten, ist ein Glättungskondensator nennenswerter Größe am Eingang des Stromrichters möglichst nahe an der Leistungshalbleiterbrücke zu installieren (Bild 3-4 b). Auch dieser wird vorzugsweise aus den oben genannten Gründen als Aluminium-Elektrolyt-Kondensator ausgeführt.

Der Glättungskondensator C_d in Bild 3-4 b ist für die auftretende Spannung und den benötigten Wechselstromanteil der nachgeschalteten Leistungshalbleiterbrücke auszulegen. Da dieser Wechselstromanteil nicht unerheblich ist, muss die Erwärmung des Kondensators berücksichtigt werden.

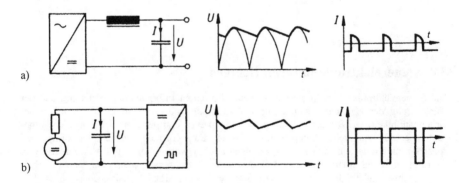

Bild 3-4 Beispiel für den Einsatz von Glättungskondensatoren
a) Glättung der Ausgangsspannung
b) Glättung (Stützung) der Eingangsspannung

Zur Kommutierung in Wechselrichtern mit Phasenfolgelöschung werden Wechselspannungskondensatoren eingesetzt. Diese werden mit nicht sinusförmigen Wechselspannungen und -strömen im 100 Hz-Bereich belastet.

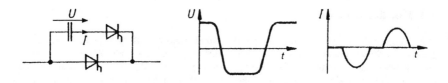

Bild 3-5 Einsatz von Kondensatoren zur Kommutierung (Phasenfolgelöschung)

Werden Kondensatoren zur Bedämpfung von unerwünschten Spannungsspitzen parallel zu Leistungshalbleiterbauelementen eingesetzt, so sind hier auch Wechselspannungskondensatoren erforderlich. Diese Kondensatoren werden stoßartig aufgeladen und/oder entladen. Der Scheitelwert des auftretenden Stromes kann hierbei wesentlich höher als der Effektivwert sein.

Bild 3-6 Bedämpfungskondensator parallel zum Leistungshalbleiter

3.4 Steuerelektronik in Stromrichtern

Die Steuerelektronik eines Stromrichters dient der reinen Informationsverarbeitung und der Ansteuerung der Halbleiterschalter. Signalverknüpfung und -auswertung erfolgt mit hoher Geschwindigkeit. Die Steuerschaltungen sind aus aktiven und passiven Bauelementen aufgebaut, aber nur noch selten komplett mit diskreten Bauelementen realisiert. Gatearrays und spezielle integrierte Schaltungen (ICs) kommen allein oder zusammen mit Mikroprozessoren zum Einsatz. Öfter arbeiten mehrere Mikroprozessoren zusammen, wenn eine hohe Verarbeitungsgeschwindigkeit dies erfordert. Die Steuerelektronik arbeitet analog oder digital. Die reine digitale Signalverarbeitung nimmt stark zu. Analoge Eingangsgrößen werden vor der Verarbeitung durch Analog-Digital-Wandler umgesetzt werden; umgekehrt im Ausgang. Durch die Digitaltechnik nimmt die Bedeutung der Software zu.

Analogtechnik

Analoge Signale haben einen kontinuierlichen Verlauf und haben einen Betrag mit Vorzeichen. Die Verarbeitung in der Steuerelektronik des Stromrichters erfolgt über speziell ICs oder beschattete Operationsverstärker. Aus Gründen der Störsicherheit wird die Übertragungsgeschwindigkeit nicht höher als notwendig gewählt. Signale werden in Analogschaltungen parallel verarbeitet und stehen kontinuierlich zur Auswertung an.

3.4 Steuerelektronik in Stromrichtern

Arbeiten Operationsverstärker als Regler, so wird ihre Arbeitsweise und ihr Zeitverhalten durch Beschaltungen aufgabenspezifisch angepasst. Beschaltungswiderstände und -kondensatoren werden nach der Optimierung eingelötet; mit Potentiometern werden Grenzwerte eingestellt.

Für kleine Stromrichteranwendungen enthalten hochintegrierte Schaltkreise oft die komplette Schaltung mit Regel- und Leistungsteil. Bild 3-7 zeigt ein Blockschaltbild für den Betrieb kleiner elektronisch kommutierten Motors (EK-Motor).

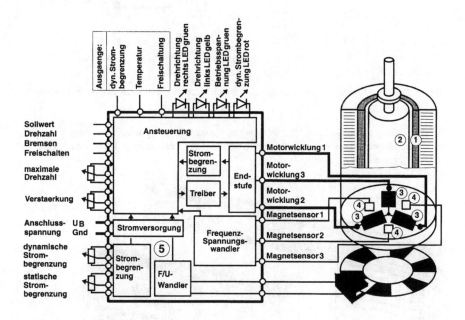

Bild 3-7 Steuerung eines Motors über ICs (Maxon)

Digitaltechnik

Bei digitalen Signalen treten nur die Schaltzustände High (H) oder Low (L) auf. Diese Schaltzustände liegen in einem vereinbarten Spannungsbereich, damit sich ein großer Störabstand ergibt. Analoge Signalwerte werden vor der Verarbeitung in digitale Signale mit mehreren Bits umgesetzt. Die digitale Verarbeitung in Steuer- und Regelschaltungen ist einfach. Die Schaltung eines Stromrichters zeigt Bild 3-8.

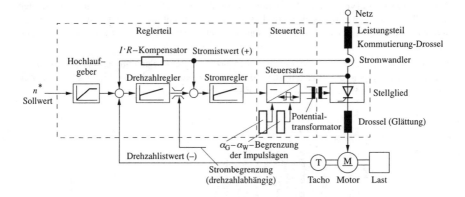

Bild 3-8 Regel- und Steuerteil eines netzgeführten Stromrichters (links Software und rechts Hardware)

Die dort gezeigten Regler und Überwachungen liegen in den digitalen Schaltungen als Software vor. Mikroprozessoren arbeiten im Gegensatz zu verdrahteten Logikschaltungen mit einem sequentiellen Programmablauf.

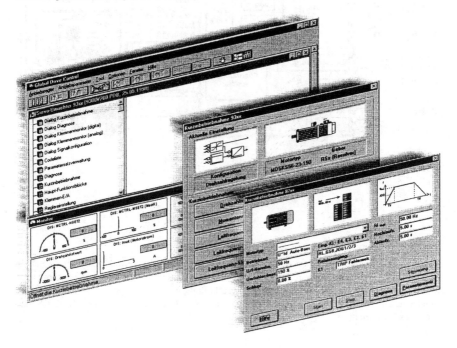

Bild 3-9 Inbetriebnahme-Software für einen Antriebs-Stromrichter (Lenze)

3.4 Steuerelektronik in Stromrichtern

Die Zykluszeit des Prozessors bestimmt die Verarbeitungsgeschwindigkeit. Bei hohen Anforderungen unterstützen Digitale Arithmetikprozessoren (Digitale-Signal-Prozessoren, DSP) den Hauptprozessor.

Die Priorität der Datenverarbeitung liegt im Programm fest. Dadurch bestimmt das Programm sehr stark die Qualität der Steuerung und Regelung. Steuerung und Regler liegen somit als Softwarelösung vor. Die Parametrierung der Regler lässt sich softwaremäßig leicht ändern. Aufgabenspezifische Daten können in EEPROMs abgelegt werden.

Die hochohmigen Datenleitungen bei digitalen Schaltungen sind gut gegen Störsignale abzuschirmen.

Über serielle Schnittstellen - RS 232 und RS 485 - können die Digitalgeräte mit übergeordneten Leitrechnern oder speicherprogrammierbaren Steuerungen (SPS) Daten austauschen. Der Datenaustausch erfolgt in diesem Systemverbund bidirektional. So können die rückgemeldeten Betriebsdaten der Stromrichtergeräte vom Leitrechner für Service- und Wartungsarbeiten genutzt werden.

Potentialtrennung

Steuerteil und Leistungsteil arbeiten mit unterschiedlichen Spannungswerten und liegen auf verschiedenen Potentialen (Bild 3-10). Die Steuerung arbeitet mit 5 bis 15 V. Die Halbleiterschalter liegen auf Netzspannungspotential mit 400 V und mehr. So sind oft Spannungsunterschiede von mehreren 100 V zu überbrücken. Verschiedene Möglichkeiten der Potentialtrennung sind in Bild 3-11 dargestellt. Es werden Optokoppler oder magnetische Übertrager (Zündübertrager bei Thyristoren) eingesetzt. Im Falle der Ansteuereinheit für Frequenzumrichter liegen ganze Baugruppen auf hohem Potential (Bild 3-12).

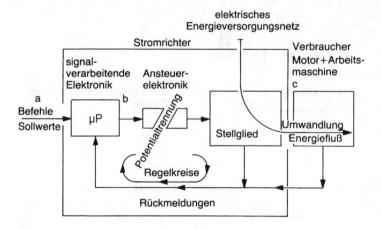

Bild 3-10 Potentialtrennung im Stromrichter zwischen Steuer- und Leistungsteil

Übertragungs-system	magnetische Übertrager	Opto-koppler	Piezo-schwinger
Übertragungs-frequenz	>3kHz	>3kHz	≤3kHz
Langimpuls-übertagung	mit besonderer Schaltung möglich	ohne besondere Schaltung möglich	mit besonderer Schaltung möglich
Beschaltung	aufwendig	einfach	mittel
Platz-bedarf	groß	gering	gering
Steuerstrom Richtwert	je nach Übertragertyp	20mA	1mA

Bild 3-11 Möglichkeiten der Potentialtrennung im Stromrichter zwischen Steuer- und Leistungsteil

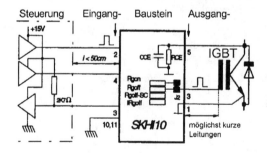

Bild 3-12 Kompletter Ansteuerbaustein mit Potentialtrennung

Zuverlässigkeit

Die Bauteile der Stromrichter unterliegen wechselnden elektrischen, thermischen und mechanischen Belastungen. Die sogenannte „Badewannenkurve" gibt Hinweise zum Verhalten und zu möglichen Ausfällen. Die Frühausfälle sollten durch Tests des Herstellers abgefangen werden (Bild 3-13).

3.5 Leistungsschild und Betriebsarten

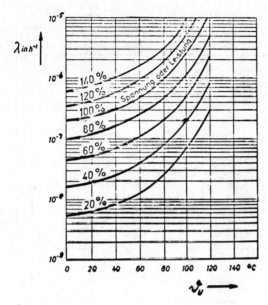

a)

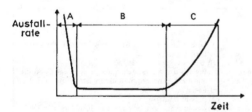

A) Frühausfälle während der Voralterungsperiode
B) Ausfälle während des Betriebes (statistische Ausfälle)
C) Ausfälle am Ende der Lebensdauer (Verschleißausfälle)

b)

Bild 3-13
Ausfälle bei Bauelementen
a) Abhängigkeit der Ausfallrate von der Bauteiletemperatur mit dem Parameter Belastung
b) Ausfallrate über der Zeit

Eine lange Lebensdauer ist tendenziell durch gute Kühlung und Unterlastung zu erreichen. Dies sind wiederum Fragen, die mit der Wirtschaftlichkeit gekoppelt sind.

3.5 Leistungsschild und Betriebsarten

Jeder Stromrichter muss zur Kennzeichnung ein Leistungsschild tragen. Dort sind die wichtigsten kennzeichnenden Betriebswerte verzeichnet. Bild 3-14 zeigt ein Muster-*Leistungsschild*. Die Betriebsarten kennzeichnen den zeitlichen Verlauf der Belastung und somit dem Temperaturverlauf in den Bauteilen des Stromrichters, da kaum thermische Reserven da sind. Der Schlüssel für die *Betriebsarten* ist in Bild 3-15 dargestellt.

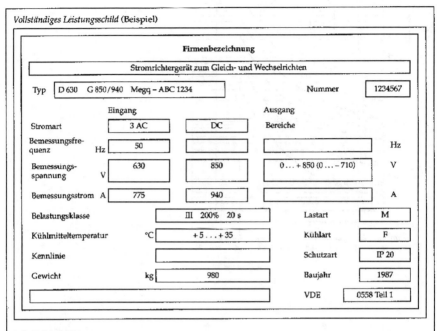

Bild 3-14 Musterleistungsschild

Inhalt der Felder

a) Leistungskennzeichen nach DIN 41 752. Dem Leistungskennzeichen kann, durch einen waagerechten Strich deutlich getrennt, ein Aufbaukennzeichen und ein firmengebundenes Kennzeichen vor- und/oder nachgestellt werden, deren Inhalt dem Hersteller oder Lieferer freigestellt ist.
b) Fertigungsnummer,
c) Eingangsstromart
 – Gleichstrom
 – – Kurzzeichen DC
 – Einphasen-Wechselstrom
 – – Kurzzeichen AC
 – Drehstrom
 – – Kurzzeichen 3 AC bzw. 3/N AC, wenn Neutralleiter erforderlich.
d) Bemessungseingangsspannung (ist ein Gerät auf mehrere Bemessungseingangsspannungen umklemmbar, so sind diese getrennt anzugeben),
e) Bemessungseingangsstrom
f) Bemessungseingangsfrequenz,
g) Ausgangsstromart, Kurzzeichen wie unter c),
h) Bemessungsausgangsspannung
i) Bemessungsausgangsstrom
j) Bemessungsausgangsfrequenz, Angabe entfällt bei Gleichstrom,
k) Bereich der Ausgangsspannung, für den ein steuerbares Gerät bestimmt ist, z. B. 0.. .+440 V (0 ... –380 V),
l) Bereich der Ausgangsfrequenz, sofern das Gerät für einen Frequenzbereich bestimmt ist;
m) Lastart
n) Belastungsklasse
o) Kennzeichen der Schutzklasse II, sofern das Gerät dieser Schutzklasse entspricht.

Weitere Angaben dürfen hinzugefügt werden, insbesondere:
p) Grundschwingungs-Leistungsfaktor
q) Kühlart mit Kurzzeichen nach DIN 41 751, erforderlichenfalls auch die höchste zulässige Kühlmitteltemperatur und der Mindest-Kühlmittelstrom
r) Kurzzeichen für Form der Kennlinie
s) IP-Schutzart
t) Baujahr
u) Gesamtgewicht und gegebenenfalls Gewicht des Wärmeträgers,
v) VDE 0558 Teil 1, wenn das Gerät dieser Norm entspricht.

3.5 Leistungsschild und Betriebsarten

Für Stromrichter mit Gleichstromausgang werden folgende Lastarten unterschieden:

Widerstandslast (W)
induktive Last (L)
Batterielast (B) Motorlast (M)
kapazitive Last (C) und
verzerrende Last (V). Bei gemischten Lasten entspricht die Kennzeichnung der vorwiegend auftretenden Last.

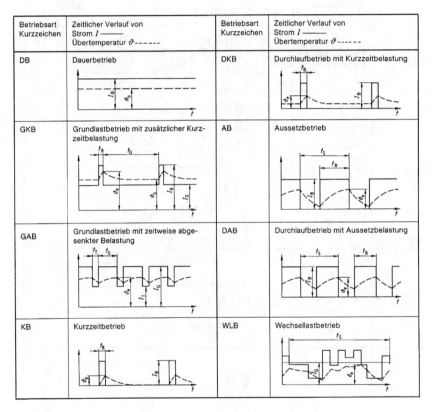

I_G Grundlaststrom
I_B Strom während der Belastungsdauer (bei GKB Überstrom während der zusätzlichen Kurzzeitbelastung)
I_T Strom während der Teillastdauer
I_Q Quadratischer Mittelwert des Stromes
t_B Belastungsdauer (bei GKB Dauer der zusätzlichen Kurzzeitbelastung, Überstromdauer)
t_T Teillastdauer
t_S Spieldauer (SD)
t_G Grundlastdauer
ϑ_b Beharrungsübertemperatur
ϑ_e Endübertemperatur

Bild 3-15 Betriebsarten

Beispiele von *Lastspielen* als Leitlinie zur Auswahl der Belastungsklasse zeigt Bild 3-16 und 3-17. Die Angaben auf dem Leistungsschild unterliegen Abweichungen. Die geltenden Grenzabweichungen vom nachzuweisenden Wert sind in Bild 3-19 zusammengestellt.

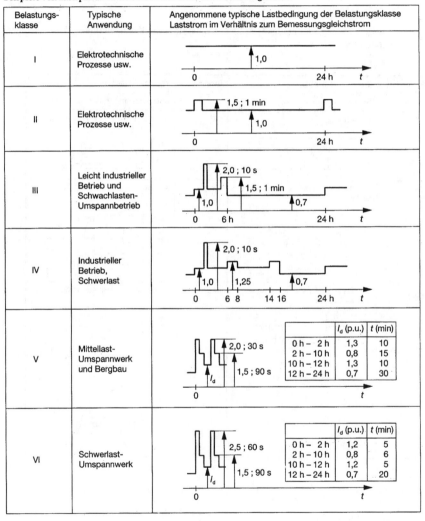

Bild 3-16 Beispiele zu den genormten Belastungsklassen (EN 60146-1-1)

3.5 Leistungsschild und Betriebsarten

Belastungsklasse	Stromwerte für Stromrichter und Prüfbedingungen für Bauteile (Werte in Prozent des Bemessungsgleichstromes I_{dN})
I	100% dauernd
II	100% dauernd 150% 1 min
III	100% dauernd 150% 2 min 200% 10 s
IV	100% dauernd 125% 2 h 200% 10 s
V	100% dauernd 150% 2 h 200% 1 min
VI	100% dauernd 150% 2 h 300% 1 min

Bild 3-17 Beispiele zu den genormten Belastungsklassen (EN 60146-1-1)

Die Stromrichter werden vorzugsweise in der Schutzart IP 00 ausgeführt. Sollten höhere Schutzarten erforderlich sein, gelten die in DIN 40050 genannten Kenbuchstaben und Kennziffern (Bild 3-18). Das Kurzzeichen für die Schutzart besteht aus den Buchstaben IP und zwei nachfolgenden Ziffern für die Schutzgrade. Der erste Buchstabe gibt dabei den Schutzgrad gegenüber Fremdkörpern und der zweite Buchstabe den Schutzgrad gegenüber Wasser an.

Fremdkörper- schutz	Wasserschutz Zweite Kennziffer				
Kennbuch- staben und erste Kennziffer	0	1	2	3	4
IP 0	IP 00				
IP 2		IP 20	IP 21	IP 22	IP 23
IP 3		IP 30	IP 31	IP 32	IP 33
IP 5					IP 54

Bild 3-18
Vorzugsweise ausgeführte Schutzarten von Stromrichtern Standard-Schutzart: IP 00

Elektrische Größen	Zulässige Abweichungen
Verluste im Stromrichtersatz	+10 % des verbindlich angegebenen Wertes
Verluste im Transformator und in Drosselspulen	+10 % des verbindlich angegebenen Gesamtwertes
Wirkungsgrad des Stromrichtergerätes	zulässige Abweichung beim Wirkungsgrad entsprechend +20 % der Verluste, mindestens −0,2 %
Grundschwingungs-Leistungsfaktor	$-0,2\,(1 - \cos \varphi_1)$
Induktive Gleichspannungsänderung U_{dx}, bedingt durch den Transformator	±10 % des verbindlich angegebenen Wertes
Innere Spannungsänderung	±15 % des verbindlich angegebenen Wertes der Änderung
gemessene Gleichspannungen[1]) > 10 V	$\pm\,(1\,V + 2\,\%\,U_{dN})$
gemessene Gleichspannungen[1]) ≤ 10 V	$\pm\,10\,\%\,U_{dN}$
Verluste im Stromrichtersatz	+10 % des verbindlich angegebenen Wertes
Verluste im Transformator und in Drosselspulen	+10 % des verbindlich angegebenen Gesamtwertes
Wirkungsgrad des Stromrichtergerätes	zulässige Abweichung beim Wirkungsgrad entsprechend +20 % der Verluste, mindestens −0,2 %
Grundschwingungs-Leistungsfaktor	$-0,2\,(1 - \cos \varphi_1)$
Induktive Gleichspannungsänderung U_{dx}, bedingt durch den Transformator	±10 % des verbindlich angegebenen Wertes
Innere Spannungsänderung	±15 % des verbindlich angegebenen Wertes der Änderung
gemessene Gleichspannungen[1]) > 10 V	$\pm\,(1\,V + 2\,\%\,U_{dN})$
gemessene Gleichspannungen[1]) ≤ 10 V	$\pm\,10\,\%\,U_{dN}$

1) Für stabilisierte Stromversorgungsgeräte ist die zulässige Abweichung der Gleichspannung zu vereinbaren.

Bild 3-19 Zulässige Grenzabweichungen bei Stromrichtern

4 Fremdgeführte Stromrichterschaltungen

Stromrichter mit Halbleiterventilen lassen sich nach Schaltungsaufbau und Wirkungsweise in vier Hauptgruppen klassifizieren, wenn man nach Funktionsbezeichnungen ordnet (siehe auch Kapitel 1.2):

- Gleichrichter
- Wechselrichter
- Gleichstromsteller
- Wechselstromsteller

Eine untergeordnete Gruppe stellen die Umrichter dar. Sie sind eine Kombination aus Gleichrichter und Wechselrichter:

- Gleichstromumrichter
- Wechselstromumrichter (s. Bild 1-6)

Stellt man einen schaltungstechnischen Bezug her, so spricht man bei Gleichstromstellern und Wechselrichtern von „selbstgeführten Stromrichtern" (früher: „Stromrichter mit erzwungener Kommutierung"), bei Gleichrichtern und Wechselrichtern von „fremdgeführten Stromrichtern" (früher: Stromrichter mit natürlicher Kommutierung); Wechselstromsteller sah man früher als „nichtkommutierende Stromrichter" an.

Die wenigen Grundfunktionen werden durch eine Vielzahl von Stromrichter-Schaltungen realisiert. Auf die fremdgeführten, d. h. die netz- und lastgeführten, Schaltungen wird in diesem Kapitel eingegangen.

Bei der Beschreibung eines Stromrichtersystems werden nur wenige Elemente benötigt: Stromrichter-Ventile (Halbleiterventile, nicht steuerbar / steuerbar, nicht abschaltbar / abschaltbar), Spannungs-/Stromquellen, Transformatoren, Wirkwiderstände, sowie elektrische und magnetische Energiespeicher (Kondensatoren und Drosseln). Zunächst werden diese Grundbausteine bei allen Schaltungsbetrachtungen als ideal, d.h. sinngemäß linear, verlustlos und konstant betrachtet.

4.1 Netzgeführte Stromrichter

4.1.1 Begriffe

Zur Übersicht geben die Tabellen 4-1 und 4-2 zunächst Hinweise für spezielle Begriffe der Stromrichtertechnik. Bild 4-1 erläutert die Begriffe anhand von netzgeführten Stromrichterschaltungen.

Brückenschaltungen werden mit B und Mittelpunktschaltungen mit M gekennzeichnet. Darauf folgt die Pulszahl p. An dritter Stelle der Schaltungsbezeichnungen folgt für ungesteuerte Schaltungen U, für gesteuerte C (Controlled) und für halbgesteuerte Schaltungen H. In der Schaltung nach Bild 4-1 sind die Größen q, s, p und g festgelegt; in Tabelle 4-2 sind diese Werte für die gebräuchlichsten netzgeführten Stromrichter-Schaltungen aufgeführt. Die Schaltungskennwerte für die Schaltungen zeigen die Tabellen 4-3a und 4-3b.

4 Fremdgeführte Stromrichterschaltungen

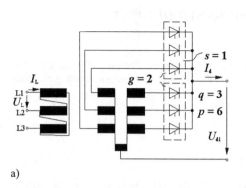
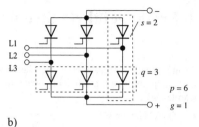

a)

b)

Bild 4-1
Schaltungen zur Festlegung von Stromrichterbegriffen.
a) M6-Schaltung
b) B6-Schaltung

Tabelle 4-1 Begriffe bei Stromrichterschaltungen

Formelzeichen	Bedeutung
s	in Reihe geschaltete Kommutierungsgruppen (Brückenschaltung),
g	parallelgeschaltete Kommutierungsgruppen (Saugdrossel),
n	Zahl der parallelen Ventile,
n_s	Zahl der in Reihe geschalteten Ventile,
q	Kommutierungszahl (Stromrichterhauptzweige einer Gruppe),
p	Pulszahl (Stromübergänge in einer Periode),
t_F	Stromflußzeit ($t_F = T/q$, T = Periodendauer),
t_u	Kommutierungszeit,
t_L	Lückzeit, wenn $t_F <$ als die ideelle Stromflußzeit ist,
d	bezogene Gleichspannungsänderung,
D	Gleichspannungsänderung,
U_A	Maschinenankerspannung,
U_{so}	Strangspannung,
U_L	Leiterspannung, verkettete Spannung,
U_{di0}	ideelle Leerlaufgleichspannung,
$U_{di\alpha}$	Leerlaufgleichspannung beim Steuerwinkel α,
I_{di}	ideeller Gleichstrom,
I_{dN}	Maschinen-Bemessungsstrom,
R_A	Ankerkreiswirkwiderstand,
P_{di}	ideelle Gleichstromleistung (Bezugswert)

Tabelle 4-2 Begriffe bei netzgeführten Stromrichterschaltungen

Schaltung	Bezeichnung nach VDE 0558	p	q	s	g
Wechselstrom-Mittelpunktschaltung	M2	2	2	1	1
Sternschaltung	M3	3	3	1	1
Doppelsternschaltung mit Saugdrossel	M6.30	6	3	1	2
Wechselstrom-Brückenschaltung	B2	2	2	2	1
Wechselstrom-Umkehrbrückenschaltung	(B2)A(B2)	2	2	2	1
Drehstrom-Brückenschaltung	B6	6	3	2	1
Drehstrom-Umkehrbrückenschaltung	(B6)A(B6)	6	3	2	1

4.1 Netzgeführte Stromrichter

Tabelle 4-3
Schaltungskennwerte für netzgeführte Stromrichter mit Wechselstrom- oder Drehstromanschluss
a) Kenndaten für Stromrichterschaltungen für den Ankerkreis einer Gleichstrommaschine

Schaltung	Wechselstrom Brücken-Schaltung für Geradeausbetrieb	Wechselstrom Brücken-Schaltung für Umkehrbetrieb, kreisstromfrei	Drehstrombrücke für Geradeausbetrieb	Drehstrombrücke für Umkehrbetrieb, kreisstromfrei
Leistungen im Ankerkreis	bis ca. 10 kW		ab ca. 5 kW	
	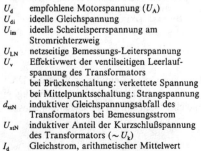			
Transformatorschaltung nach IEC	Ii0	Ii0	Yy0	Yy0
Stromrichterschaltung nach VDE 0558	B2C	(B2C)A(B2C)	B6C	(B6C)A(B6C)
Pulszahl p	2	2	6	6
Stromflußdauer	180°	180°	120°	120°
Welligkeit in %	48,2	48,2	4,2	4,2
$k_{vu} = U_v/U_{di}$	1,11	1,11	0,74	0,74
U_v/U_d	1,28	1,47	0,83	0,95
U_{im}/U_{di}	1,57	1,57	1,05	1,05
$k_{xt} = d_{xtN}/U_{xtNi} U_{xtn} \sim U_k$	0,707	0,707	0,5	0,5
$k_{vi} = I_v/I_d$	1,0	1,0	0,817	0,817
$I_{pmittel}/I_d$	0,5	0,5	0,333	0,333
I_{peff}/I_d	0,707	0,707	0,577	0,577
I_{Li}/I_d	1,0	1,0	0,816	0,816
$k_{tLN} = S_{tLN}/P_{di}$	1,11	1,11	1,05	1,05
$k_{tvN} = S_{tvN}/P_{di}$	1,11	1,11	1,05	1,05
$k_{tN} = S_{tN}/P_{di}$	1,11	1,11	1,05	1,05

U_d empfohlene Motorspannung (U_A)
U_{di} ideelle Gleichspannung
U_{im} ideelle Scheitelsperrspannung am Stromrichterzweig
U_{LN} netzseitige Bemessungs-Leiterspannung
U_v Effektivwert der ventilseitigen Leerlaufspannung des Transformators
 bei Brückenschaltung: verkettete Spannung
 bei Mittelpunktsschaltung: Strangspannung
d_{xtN} induktiver Gleichspannungsabfall des Transformators bei Bemessungsstrom
U_{xtN} induktiver Anteil der Kurzschlußspannung des Transformators ($\sim U_k$)
I_d Gleichstrom, arithmetischer Mittelwert

I_{Li} ideeller, netzseitiger Leiterstrom, Effektivwert
I_{peff} Zweigstrom, Effektivwert
$I_{pmittel}$ Zweigstrom, Mittelwert
I_v ventilseitiger Leiterstrom des Transformators, Effektivwert

P_{di} ideelle Gleichstromleistung $U_{di/dN}$
S_{tLN} Primärleistung des Transformators bei Bemessungsstrom und Bemessungsspannung
S_{tvN} Sekundärleistung des Transformators bei Bemessungsstrom und Bemessungsspannung
S_{tN} Transformator-Typenleistung, mittlere Bemessungsleistung
$k...$ schaltungsabhängige Faktoren

b) Kenndaten für Stromrichterschaltungen für die Feldversorgung von Gleichstrommaschinen

Schaltung	Wechselstrom-Brückenschaltung ungesteuert (U)	Wechselstrom-Brückenschaltung halbgesteuert unsymmetrisch (H)	Drehstrom-Brückenschaltung, ungesteuert (U)	Drehstrom-Brückenschaltung, halbgesteuert (H)
Schaltung nach VDE 0558	B2U	B2HZ	B6U	B6HA
Pulszahl	2	2	6	6
Welligkeit in %	48,2	48,2	4,2	4,2
Stromflußdauer	180°	180°	120°	120°
$k_{vu} = U_v/U_{di}$	1,11	1,11	0,74	0,74
U_{im}/U_{di}	1,57	1,57	1,05	1,05
$k_{vi} = I_v/I_d$	1,0	1,0	0,817	0,817
$I_{pmittel}/I_d$	0,5	0,5	0,333	0,333
I_{peff}/I_d	0,707	0,707	0,577	0,577
I_{Li}/I_d	1,0	1,0	0,817	0,817
$k_{tLN} = S_{tLN}/P_{di}$	1,11	1,11	1,05	1,05
$K_{tvN} = S_{tvN}/P_{di}$	1,11	1,11	1,05	1,05
$k_{tN} = S_{tN}/P_{di}$	1,11	1,11	1,05	1,05

U_{di} ideelle Gleichspannung
U_{im} ideelle Scheitelsperrspannung am Stromrichterzweig
U_{LN} netzseitige Bemessungs-Leiterspannung
U_v Effektivwert der ventilseitigen Leerlaufspannung des Transformators, verkettete Spannung
$k...$ schaltungsabhängige Faktoren
I_d Gleichstrom, arithmetischer Mittelwert
I_{Li} ideeller, netzseitiger Leiterstrom, Effektivwert

I_{peff} Zweigstrom, Effektivwert
$I_{pmittel}$ Zweigstrom, Mittelwert
I_v ventilseitiger Leiterstrom des Transformators
P_{di} ideelle Gleichstromleistung $U_{di}I_{dN}$
S_{tLN} Primärleistung des Transformators bei Bemessungsstrom und Bemessungsspannung
S_{tvN} Sekundärleistung des Transformators bei Bemessungsstrom und Bemessungsspannung
S_{tN} Transformator-Typenleistung = mittlere Bemessungsleistung

Die wichtigste Schaltung in einem Leistungsbereich oberhalb von einigen kW ist die Drehstrombrückenschaltung (B6U oder B6C). Sie weist eine vergleichsweise geringe Welligkeit von Spannung und Strom auf und erfordert im Vergleich zu den Mittelpunktschaltungen weniger Glättungsmittel.

4.1.2 Einsatz

Netzgeführte Stromrichter sind technisch ausgereifte und preiswerte Energiewandeleinheiten, die sich durch

- geringen Wartungsaufwand
- hohe Zuverlässigkeit
- großen Wirkungsgrad und
- gute Regeleigenschaften

auszeichnen.

Weitere Vorzüge sind der im Verhältnis zur Leistung geringe Platzbedarf und das geringe Gewicht, die geräuscharme Funktion und die sofortige Betriebsbereitschaft. Gegenüber den Gleichstromstellern weisen netzgeführte Stromrichter wegen ihrer Abhängigkeit vom Netz eine geringere Dynamik auf.

Netzgeführt besagt, dass der Stromübergang von einem stromleitenden Ventil auf das nächste von der Spannung des speisenden Netzes bestimmt wird.

Netzgeführte Stromrichter werden häufig zur Drehzahlstellung von Gleichstrommaschinen eingesetzt. Die wichtigsten Schaltungen sind in den Tabellen 4-3a und 4-3b zusammengestellt; sie enthalten auch entsprechenden Kenndaten der Schaltungen.

Weitere Einsatzgebiete sind dort zu finden, wo veränderliche Gleichspannungen ab einem Leistungsbereich von einigen kW benötigt werden. Beispiele hierfür sind in den Kapiteln 9 und 10 dargestellt.

4.1.3 Gleichspannungsbildung

Die Gleichspannung im Lastkreis entsteht durch abschnittsweises Durchschalten der sinusförmigen Netzspannungsabschnitte auf die Gleichspannungsseite. Dadurch sind der entstehenden Gleichspannung immer Oberschwingungsspannungen überlagert, deren Auswirkungen durch Glättungsmittel klein gehalten werden können.

Man unterscheidet Brücken- und Mittelpunktschaltungen. Brückenschaltungen (B) entstehen aus der Reihenschaltung zweier Teilstromrichter in Mittelpunktschaltung (M) und werden wegen der geringeren Spannungs- und Stromwelligkeit heute bevorzugt. Früher wurden die Mittelpunktschaltungen wegen der geringeren Anzahl der benötigten Ventile und den damit verbundenen geringeren Kosten häufiger eingesetzt.

Die Auswahl der Schaltung ist abhängig von der Leistung, der Gleichspannungsqualität (Pulszahl p) und der Anzahl der zu nutzenden Betriebsquadranten. Die Funktionsweise und die Entstehung der Gleichspannung kann beispielhaft an der Mittelpunktschaltung erläutert werden. Die Verhältnisse an der Brückenschaltung sind davon einfach auf Basis von zwei in Reihe geschalteten Mittelpunktschaltungen abzuleiten.

Mittelpunktschaltung M3

Die Entstehung der Gleichspannung zeigt Bild 4-2 für ungesteuerten und gesteuerten Betrieb einer M3-Schaltung mit blockförmigen Strömen. Durch den Einsatz einer Glättungsdrossel L_d mit großer Induktivität werden der Gleichstrom I_d konstant und der Ventilstrom blockförmig.

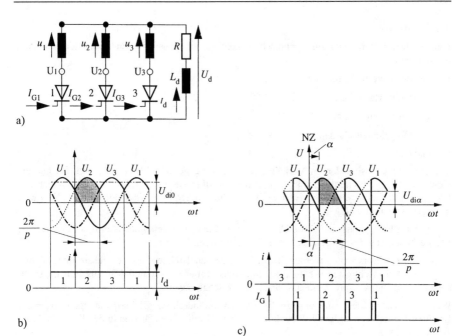
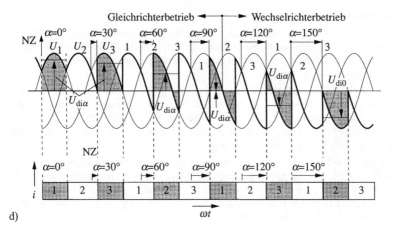

Bild 4-2 Entstehung der Gleichspannung
    a) Mittelpunktschaltung (M3) mit großer Glättungsdrossel L_d
    b) Entstehung der Gleichspannung U_{di0} und der Blockströme im ungesteuerten Betrieb
    c) Entstehung der gesteuerten Gleichspannung $U_{di\alpha}$ im gesteuerten Betrieb (NZ natürlicher Zündzeitpunkt, α Steuerwinkel und I_G Zündstrom der Thyristoren)
    d) Entstehung der gesteuerten Gleichspannung $U_{di\alpha}$ und der phasenverschobenen Blockströme im Gleich- und Wechselrichterbetrieb

4.1 Netzgeführte Stromrichter

Durch die Anschnittsteuerung (Zündeinsatzsteuerung) lässt sich die Ausgangsgleichspannung $U_{di\alpha}$ über den Steuerwinkel α verstellen (Bild 4.2 c und d).

Drehstrombrückenschaltung B6

Werden zwei Stromrichter in Mittelpunktschaltung M3 (Anoden- und Kathodengruppe) in Reihe zueinander geschaltet, so entsteht eine Brückenschaltung B6. In Bild 4-3 ist die Entstehung der B6-Schaltung zu sehen, die als Drehstrombrückenschaltung bezeichnet wird.

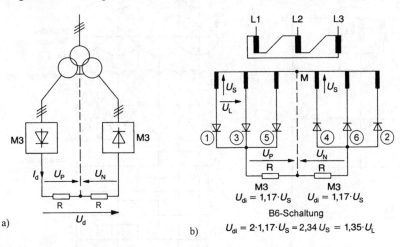

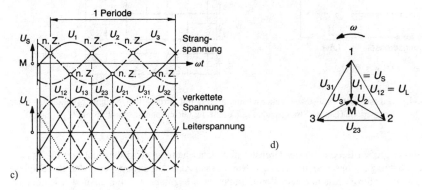

Bild 4-3 Entstehung der Brückenschaltung B6 aus zwei Mittelpunktschaltung M3
    a) Blockschaltbild
    b) Schaltungsaufbau der Drehstrombrückenschaltung (B6 = M3 + M3)
       mit Kathodengruppe (1,3,5) und Anodengruppe (4,6,2)
    c) Spannungsverläufe beim Drehspannungssystem
    d) Zeigerdiagramm des Drehspannungssystems

Die von den Teilstromrichtern gebildeten Teilspannungen U_P und U_N sind, gegen den Transformatormittelpunkt gemessen, phasenverschoben. Die Teilspannungen addieren sich aus den zwei betrachteten 3-pulsigen Mittelpunktschaltungen zur 6-pulsigen Gesamtgleichspannung, wie in Bild 4-4 dargestellt ist.

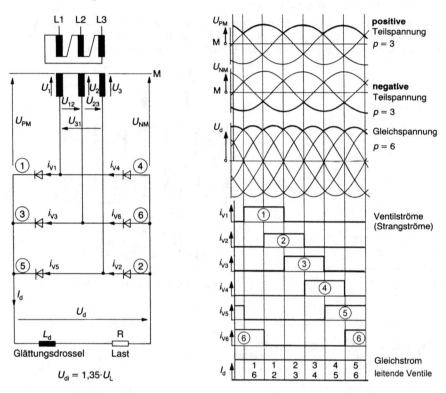

Bild 4-4 Ungesteuerte Drehstrombrückenschaltung (B6) mit Strom- und Spannungsverläufen einer Netzperiode ($L \rightarrow \infty$, Strangspannung U_S, idealer Gleichspannungsmittelwert U_{di})

Wegen der großen Bedeutung der Drehstrombrückenschaltung, wird die Funktion der Stromrichterschaltung an dieser Stelle erläutert. Nimmt man zunächst ungesteuerte Ventile (Dioden) an, so wird der Stromfluss in einem Ventil immer dann beginnen, wenn die Anoden-Kathoden-Spannung U_{AK} positiv wird. Dazu muss die zugehörige Strangspannung an der Kathodengruppe (Ventil 1,3,5) positiver bzw. an der Anodengruppe (Ventil 4,6,2) negativer werden als die Strangspannung der übrigen Ventile im Teilstromrichter. Das ist jeweils im natürlichen Zündzeitpunkt (n. Z.) der Fall, der sich somit aus dem positiven bzw. negativen Schnittpunkt der Strangspannungen ergibt (siehe auch Bild 4-3).

Geht man von einer sehr großen Glättungsdrossel ($L_d \rightarrow \infty$) im Gleichstromkreis aus, so stellt sich im stationären Zustand ein Gleichstrom I_d konstanter Höhe ein. Dadurch haben auch die

4.1 Netzgeführte Stromrichter

Diodenströme eine konstante Höhe; sie sind blockförmig. Die Diodenströme fließen über 1/3 der Netzperiodendauer (120°) und sind um 60° versetzt (i_{V1}, i_{V2},...,i_{V6}). Es führen immer zwei Ventile gleichzeitig Strom, ein Ventil aus der Anoden- und ein Ventil aus der Kathodengruppe. Den Gleichspannungsmittelwert der ungesteuerten Drehstrombrückenschaltung erhält man durch Integration zu $U_{di} = 1{,}35 U_L = 2{,}34 U_S$. Der Indes „d" kennzeichnet den Gleichstrom, „i" kennzeichnet den idealen Charakter des Spannungswertes.

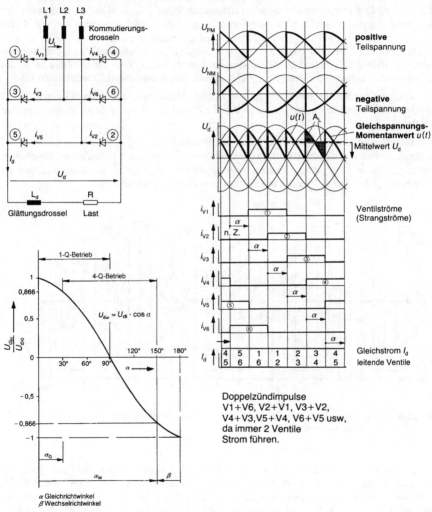

Bild 4-5 Vollgesteuerte Drehstrombrückenschaltung (B6C) mit Strom- und Spannungsverläufen einer Netzperiode für α = 60° und $u = 0°$, Steuerkennlinie $U_{di\alpha}/U_{di0} = \cos\alpha$

Verwendet man in der Drehstrombrückenschaltung steuerbare Ventile (Thyristoren) so ist der Beginn des Stromflusses im Ventil vom jeweiligen Zündzeitpunkt des Thyristors abhängig.

Der Zündeinsatz wird vom natürlichen Zündzeitpunkt (n.Z.) gezählt und der entsprechende Winkel als Steuerwinkel α bezeichnet. Während der Zündverzögerung nimmt der Thyristor die anstehende Spannung als positive Sperrspannung auf, wodurch diese Spannung nicht auf die Last wirken kann. Der Verlauf der „angeschnittenen" gleichgerichteten Spannung ist in Bild 4-5 zu sehen. Der entsprechende Gleichspannungsmittelwert $U_{di\alpha}$ wird durch Integration der Spannung mit den entsprechend verschobenen Integrationsgrenzen gewonnen und ergibt sich zu $U_{di\alpha} = U_{di0}\cos\alpha$, wobei U_{di0} dem Gleichspannungsmittelwert bei $\alpha = 0$ ist. Dieser Wert ist identisch mit dem Wert der ungesteuerten Drehstrombrücke (mit Dioden). Auch hier ist angenommen, dass die Glättung des Gleichstromes optimal ist, so dass keine Stromlücken im Gleichstrom I_d auftreten (theoretisch erreichbar durch eine unendlich große Induktivität L_d).

Die Zündung der Ventile erfolgt durch Doppelzündimpulse, wobei gleichzeitig einem Ventil auf der Anoden- und dem entsprechenden Ventil auf der Kathodenseite Zündimpulse zugeführt werden.

Der Mittelwert der Ausgangsspannung $U_{di\alpha}$ des Stromrichters lässt sich über den Steuerwinkel α kontinuierlich von einem maximalen positiven Wert bis zu einem maximalen negativen Wert verstellen. Bei $\alpha = 90°$ ist der Gleichspannungsmittelwert gleich Null, der Momentanwert der Spannung $u_d(t)$ ändert sich jedoch erheblich, wie in Bild 4-6 erkennbar ist.

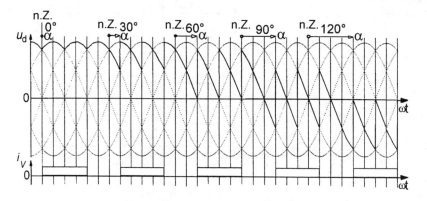

Bild 4-6 Spannungsverläufe und idealisierte Ventilströme i_V für verschiedene Steuerwinkel α einer Drehstrombrückenschaltung

Wegen der Ventilwirkung der Thyristoren kann sich die Stromrichtung I_d nicht umkehren. Der Gleichspannungsmittelwert wird jedoch bei einem Steuerwinkel größer als 90° negativ. Das bedeutet, dass sich die Energierichtung umkehrt. Den Betrieb mit Steuerwinkeln α kleiner als 90° bezeichnet man als Gleichrichterbetrieb, mit Steuerwinkeln α größer als 90° als Wechselrichterbetrieb des Stromrichters. Dabei ist jedoch aus energetischen Gründen eine Wechselrichterbetrieb nur dann möglich, wenn im Gleichstromkreis des Stromrichters eine Energiequelle, beispielsweise eine Gleichstrommaschine im Generatorbetrieb, vorhanden ist und das Drehstromnetz für die Rückspeisung aufnahmefähig ist..

4.1 Netzgeführte Stromrichter

Nichtideale netzgeführte Stromrichter

Im Folgenden wird auf die Eigenschaften nichtidealer (realer) Stromrichter eingegangen. Die Auswirkungen treten bei Mittelpunkt- und Brückenschaltungen in gleicher Weise auf. Das heißt einerseits, dass der Laststrom nicht ideal geglättet ist und andererseits, dass Verluste durch Leitungs- und Stromrichterwiderstände (ohmsch und induktiv) und durch nichtideale Ventile zu berücksichtigen sind.

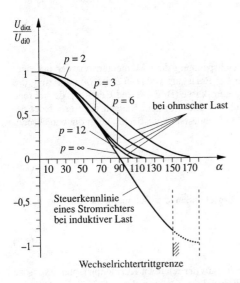

Bild 4-7
Steuerkennlinien – mit Wechselrichtertrittgrenze – der Stromrichter abhängig von der Pulszahl p, der Schaltung und der Art der Last

Typische Steuerkennlinien netzgeführter Stromrichter zeigt Bild 4-7. Die ideelle Gleichspannung im ungesteuerten Betrieb erhält man zu:

$$U_{di0} = \frac{qs}{\pi} \sqrt{2} U_{SO} \sin\frac{\pi}{q} \tag{4.1}$$

mit U_{SO} = Strangspannung,

q = Pulszahl je Kommutierungsgruppe,

s = Zahl der in Reihe liegenden Kommutierungsgruppen.

Bei Phasenanschnittsteuerung und ideal geglättetem Strom erhält man die Ausgangsgleichspannung einer vollgesteuerten Schaltung zu:

$$U_{di\alpha} = U_{di0} \cos\alpha \; . \tag{4.2}$$

Bei Belastung des Stromrichters ist die Gleichspannungsänderung D zu berücksichtigen, wie noch gezeigt wird. Im Gleichrichterbetrieb senkt sie die Ausgangsgleichspannung:

$$U_{di\alpha} = U_{di0} \cos\alpha - D \; . \tag{4.3}$$

Bei halbgesteuerten Schaltungen erhält man bei unbelastetem Stromrichter die Ausgangsspannung:

$$U_{di\alpha} = \frac{U_{di0}}{2}(1 + \cos\alpha) \tag{4.4}$$

und bei Folgesteuerung (zwei Stromrichter I und II in Reihe geschaltet) erhält man für die Ausgangsspannung des unbelasteten Stromrichters:

$$U_{di\alpha} = \frac{U_{di0}}{2}(\cos\alpha_I + \cos\alpha_{II}), \tag{4.5}$$

wenn man α_I und α_{II} getrennt einstellen kann.

Im Leerlauf folgt der Momentanwert der Gleichspannung dem Momentanwert der durchgeschalteten Netzspannung z.B. U_{L1}, so folgt er bei Belastung während der Kommutierung des Stromes von Ventil V1 auf V2 der Mittenspannungskurve (Bild 4-8 und Bild 4-9), da während der Überlappungszeit u_0 zwei Ventile (V1 und V2) Strom führen. Danach folgt er wieder der Netzspannungskurve. Die schraffierte Fläche A (Wendespannungsfläche) zeigt die Gleichspannungsänderung an; sie berechnet sich zu:

$$D_x = \frac{qs}{2\pi}L_x\omega \int_0^u \frac{di}{dt}dt \tag{4.6}$$

mit der Kommutierungskreisinduktivität L_x. Bezieht man die Spannung D_x auf die ideelle Gleichspannung U_{di0}, erhält man:

$$d_x = \frac{D_x}{U_{di0}} 100\%, \tag{4.7}$$

die relative Gleichspannungsänderung d_x, die man aus der relativen Kurzschlussspannung u_k zu $u_d = k_1\, u_k$ erhält. Der Faktor k_1 ist ein Schaltungsfaktor, den man der Tabelle 4-3 entnehmen kann. Die Einflüsse der ohmschen Widerstände und der Ventile auf die Gleichspannungsänderung sollen zunächst vernachlässigt werden.

Im Gleichrichterbetrieb (bei Steuerwinkeln $\alpha < 90°$) ist die Ausgangsgleichspannung $U_{di\alpha}$ positiv und wird im Wechselrichterbetrieb (bei Steuerwinkeln $\alpha > 90°$) negativ (Bild 4-2d). Der theoretische Steuerbereich bis $\alpha = 180°$ kann nicht voll genutzt werden, da das gefürchtete Wechselrichter-Kippen vermieden werden muss. Daher muss zur Wiedererlangung der Sperrfähigkeit der Thyristoren ein Respektabstand (Voreilwinkel $\beta = u + \gamma$) eingehalten werden (Bild 4-9). Man berechnet den Voreilwinkel β aus:

$$\cos\beta = \cos\gamma - 2d_x. \tag{4.8}$$

In der Praxis wird der Steuerwinkel α im Wechselrichterbetrieb auf etwa $\alpha = 150°$ begrenzt. Bei großen Stoßlasten ist der Summand $2d_x$ noch mit einem Stoßfaktor > 1 zu multiplizieren.

4.1 Netzgeführte Stromrichter

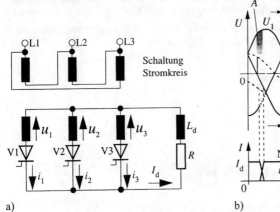
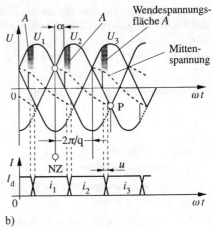

Bild 4-8 Kommutierung der Stromrichterströme
a) Schaltung M3 mit ohmsch-induktiver Last
b) Strom- und Spannungsverläufe bei der Kommutierung (NZ natürlicher Zündzeitpunkt, u Überlappungswinkel)

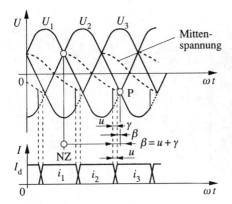

Bild 4-9
Spannungs- und Stromverläufe an der Wechselrichtertrittgrenze P (NZ natürlicher Zündzeitpunkt, Wechselrichterrespektabstand $\beta = u + \gamma$)

Zur genauen Ermittlung der Gleichspannung sind jeweils die einzelnen bezogenen ohmschen (d_r) und induktiven (d_x) Spannungsänderungen

a) im vorgeschalteten Netz (Index: L)
b) im vorgeschalteten Transformator (Index: T)
c) im Stromrichter (Index: S): Ventile, Sicherungen, Leitungen; und
d) in den Drosseln (Index: D)

zu berücksichtigen. Bei sehr raschen Stromänderungen wegen hoher Forderungen an die Regeldynamik, sind noch transiente Spannungsänderungen zu beachten.
Im folgenden Abschnitt sind die Formeln für die Ermittlung der Spannungsänderungen angegeben. Sie setzen sich aus vier Anteilen zusammen. Diese lauten:

1. Netzseitige Spannungsänderungen

$$d_{xL} = \frac{P_{LN}}{S_k} k_{xt} \, 100 \text{ in \%} \qquad (4.9)$$

mit P_{LN} = Netzentnahmeleistung

S_k = Netzkurzschlussleistung

k_{xt} = schaltungsbezogener Faktor (s. Tabelle 4-3)

2. Transformatorische Spannungsänderungen

ohmsch: Ermittlung aus den Kurzschlussverlusten des Stromrichtertransformators.

$$d_{rtN} = \frac{P_{rN}}{P_{di}} \, 100 \text{ in \%} \qquad (4.10)$$

mit P_{rN} = Bemessungskurzschlussverluste des Stromrichters.

P_{du} = ideelle Gleichstromleistung

Anhaltswerte liefert Bild 4-10.

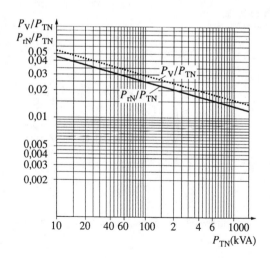

Bild 4-10
Relative Kurzschlussverluste P_V/P_{TN} und Kupferverluste P_{rN}/P_{TN} von Stromrichtertransformatoren

induktiv: Da der induktive Anteil der Kurzschlussspannung i.a. nicht bekannt ist, wird ohne großen Fehler

4.1 Netzgeführte Stromrichter

$$d_{xtN} = k_{xt} u_k \tag{4.11}$$

mit k_{xt} aus Tabelle 4-3 als Näherung angenommen werden.

3. Stromrichterbedingte Spannungsänderungen
a) Halbleiterventile

$$d_n = \frac{snU_D}{U_{di}} 100 \text{ in \%} \tag{4.12}$$

mit s = Anzahl der Reihe geschalteten Kommutierungsgruppen
n = Anzahl der in Reihe geschalteten Halbleiterventile pro Zweig
U_D = Scheitelwert der Durchlassspannung
Als Richtwert für den Scheitelwert der Durchlassspannung kann ein Wert von U_D = 1...1,5 V angenommen werden.

b) Leitungen

$$d_{rSN} = \frac{2R_S I_{dN}}{U_{di}} 100 \text{ in \%} \tag{4.13}$$

mit R_S = ohmscher Widerstand der einfachen Länge
I_{dN} = Anlagenbemessungsgleichstrom

4. Drosselbedingte Spannungsänderungen

$$d_{rDN} = \frac{2R_D I_{dN}}{U_{di}} 100 \text{ in \%} \tag{4.14}$$

mit R_D als Drossel-Wirkwiderstand.

Aus den angegebenen Werten lassen sich durch Summation die gesamten Gleichspannungsänderungen d ermitteln.

4.1.4 Ideelle Ausgangsgleichspannung

Die für den Betrieb eines Stromrichters, der beispielsweise zur Speisung einer Gleichstrommaschine verwendet wird, benötigte Ausgangsgleichspannung ermittelt man zu:

$$U_{di} = U_A \frac{100 + \Sigma d + S}{100} \tag{4.15}$$

mit U_A = Motorspannung bei maximaler (Grund-)Drehzahl
Σd = Summe der prozentualen Spannungsänderungen $(I_d R_A)/U_A + \Sigma d$
R_A = Ankerkreiswiderstand der Maschine
S = Spannungssicherheitsreserve (prozentual) mindestens 5% (VDE)

4.1.5 Ideelle Gleichstromleistung

Die ideelle Gleichstromleistung, z.B. für einen Gleichstromantrieb, erhält man zu:

$$P_{di} = U_{di} I_{dN} \tag{4.16}$$

mit I_{dN} = Bemessungsgleichstrom der Maschine

4.1.6 Ausgangskennlinienfeld

Bild 4-11 zeigt das Ausgangskennlinienfeld eines steuerbaren netzgeführten Stromrichters – das Strom-Spannungskennlinienfeld – bezogen auf die Leerlaufspannung U_{di0} (bei nichtlückendem Gleichstrom) bezogen auf den Bemessungsgleichstrom I_{dN}.

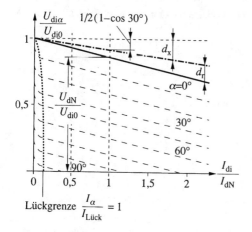

Bild 4-11
Ausgangskennlinienfeld – Strom-Spannungskennlinienfeld – eines netzgeführten Stromrichters (M3) im 1. Quadranten (Gleichrichterbetrieb) mit Anfangsüberlappung $u_0 = 30°$. Die Aufteilung der Gleichspannungsänderung erfolgt in die Komponenten: ohmscher d_r und induktiver d_x Anteil. Der Anteil der Halbleiter d_n wurde vernachlässigt.

Bild 4-12 zeigt das Ausgangskennlinienfeld für lückenden Strom, wie er z.B. bei Betrieb mit Gegenspannung (Speisung einer Batterie oder Gleichstrommaschine) auftritt. Im Lückbereich wird der Strom zeitweise Null und die Spannung steigt stark an. Dies führt zu unruhigem Lauf bei Maschinenspeisung (siehe adaptive Regelung). Die Größe des Lückstromes bestimmen die Schaltung, der Steuerwinkel und die Glättungsmittel.

4.1 Netzgeführte Stromrichter

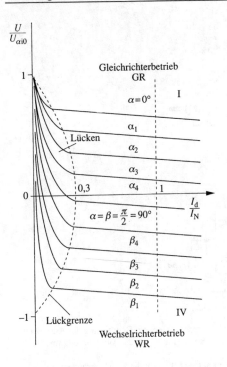

Bild 4-12
Ausgangskennlinienfeld mit Lückbetrieb im Bereich kleiner Ströme

4.1.7 Betriebsquadranten

Durch die Ventilwirkung ist die Richtung des Stromrichterausgangsstromes I_d festgelegt (Bild 4.13a). Betrieb im I. und IV. Quadranten ist möglich. Dies bedeutet, dass eine fremderregte Gleichstrommaschine im I. Quadranten als Motor im Rechtslauf und im IV. Quadranten als Generator im Linkslauf arbeiten kann.

Soll die Maschine im Rechtslauf treiben und (generatorisch) bremsen können, muss die Ankerstromrichtung umgekehrt werden können. Dazu benötigt man einen antiparallelen Stromrichter SRII, der die umgekehrte Stromrichtung führen kann. Zusammen mit diesem Stromrichter ist 4-Quadranten-Betrieb möglich (Bild 4-13b).

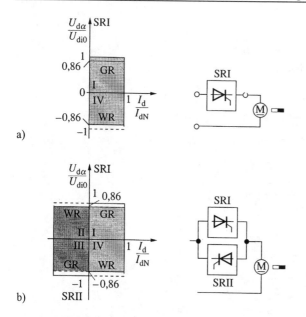

Bild 4-13 Quadrantendarstellung der Betriebsarten eines Stromrichters mit Begrenzung der Aussteuerung
  a) Einfachstromrichter mit zwei Betriebsquadranten (I und IV); die Aussteuerung im WR-Betrieb ist begrenzt
  b) Doppelstromrichter für vier Betriebsquadranten (I Bis IV); die Aussteuerung ist im GR- und WR-Betrieb begrenzt

Die Bilder 4-14 und 4-15 zeigen die Spannungswelligkeit und den Lückfaktor zur Ermittlung der Lückdrossel-Induktivität (für lückfreien Betrieb) über der Aussteuerung.

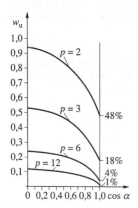

Bild 4-14
Spannungswelligkeit w_u (Oberschwingungsspannungen bezogen auf den Gleichspannungsmittelwert) in Abhängigkeit von der Aussteuerung für verschiedene Pulszahlen p; die Überlappung u ist vernachlässigt.

4.1 Netzgeführte Stromrichter

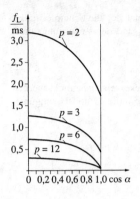

Bild 4-15
Lückfaktor f_L für vollgesteuerte Stromrichterschaltungen zur Ermittlung der Lückdrossel-Induktivität

4.1.8 Leistungsaufnahme

Aus dem Drehstromnetz entnimmt der Stromrichter die Scheinleistung S_1. Sie beträgt:

$$S_1 = m \cdot U \cdot I = U_d \cdot I_d \tag{4.17}$$

mit m = Strangzahl (m = 3 bei Drehstrom)
  U = Strangspannung
  I = Strangstrom

Die Aufteilung in Wirkleistung und Blindleistung erhält man zu:

$$P_1 = S_1 \cos\varphi_1 \tag{4.18}$$

$$Q_1 = S_1 \sin\varphi_1 \tag{4.19}$$

Die Gesamtscheinleistung ist

$$S_1 = m \cdot U \cdot I_L \tag{4.20}$$

mit dem Netzstrom $I_L = \sqrt{I_1^2 + \Sigma I_v^2}$,

  I_1 = Grundschwingungsstrom
  ΣI_v = Summe der Oberschwingungsströme

Die Verzerrungsblindleistung D erhält man zu:

$$D = U\sqrt{\Sigma I_v^2} \tag{4.21}$$

Bei sinusförmiger Spannung U und nichtsinusförmigem Strom I setzt sich die Scheinleistung S aus der Wirkleistung P, der Grundschwingungs-Blindleistung Q_1 und der Verzerrungsblindleistung D zusammen:

$$S^2 = P^2 + Q_1^2 + D^2 \qquad (4.22)$$

Die so beschriebenen Größen können durch rechtwinkelige Dreiecke veranschaulicht werden, die sich zu einem Vierflach zusammensetzen lasse. S_1 ist darin die Grundschwingungs-Scheinleistung (Bild 4-16).

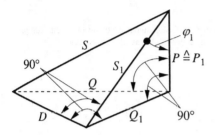

Bild 4-16
Vierflach mit Darstellung der Wirkleistung P, Scheinleistung S, Blindleistung Q und Verzerrungsblindleistung D

Der Leistungsfaktor ergibt sich zu:

$$\lambda = \frac{P}{S} = \frac{P_{di}}{S} = \frac{P_{di}}{3UI_L} \qquad (4.23a)$$

$$\lambda = \frac{P_1}{S} = \frac{I_1}{I}\cos\varphi_1 = g_1 \cos\varphi_1 \qquad (4.23b)$$

mit g_1 = Grundschwingungsgehalt des Stromes I und dem Verschiebungsfaktor der Grundschwingung

$$\cos\varphi_1 = \frac{P_1}{S_1}. \qquad (4.24)$$

$\cos\varphi_1$ ist der Grundschwingungs-Leistungsfaktor (Verschiebungsfaktor). Der Leistungsfaktor λ ist also bei nichtsinusförmigen Strömen um den Grundschwingungsgehalt g_1 des Stromes kleiner als der Grundschwingungs-Leistungsfaktor $\cos\varphi_1$. Diese Werte werde oft miteinander verwechselt; nur bei Sinusstrom sind sie gleich!

4.1.9 Verknüpfung mit dem Steuerwinkel α

Bild 4-17a zeigt die Abhängigkeit der Größen S, P und Q vom Steuerwinkel α und des Wechselrichterwinkels β bei konstantem Gleichstrom I_d, wobei der Einfluss der Überlappung u vernachlässigt ist.

4.1 Netzgeführte Stromrichter

Die Abhängigkeiten für die verschiedenen Steuermöglichkeiten zeigen Bild 4-17b und c. Es ergeben sich:

a) Bei vollgesteuerter Schaltung (Kurve: V)

$$P_1 = S_1(\cos\alpha - d_x) \approx U_{di\alpha}I_d \cos\alpha \tag{4.25a}$$

$$Q_1 = S_1\sqrt{1-(\cos\alpha - d_s)^2} \approx U_{di\alpha}I_d \sin\alpha \tag{4.25b}$$

mit $\cos\varphi_1 = \cos\alpha - d_x \approx \cos\alpha$.

b) Bei Folgesteuerung (Kurve: F)

$$P_1 = \frac{1}{2}U_{di}I_d(1+\cos\alpha), \tag{4.26a}$$

$$Q_1 = \frac{1}{2}U_{di}I_d(1+\sin\alpha). \tag{4.26b}$$

c) Bei halbgesteuerter Brücke (Kurve: H)

$$P_1 = \frac{1}{2}U_{di}I_d(\cos\alpha_I + \cos\alpha_{II}), \tag{4.27a}$$

$$Q_1 = \frac{1}{2}U_{di}I_d(\sin\alpha_I + \sin\alpha_{II}). \tag{4.27b}$$

Von einer Folgesteuerung spricht man, wenn bei der Reihenschaltung zweier Stromrichter jeweils nur einer konstant und der andere „normal" gesteuert wird. Dadurch erhält man eine Verringerung der Blindleistungsbedarfes (Kurve F).

Aus den Kurven ist zu sehen, dass bei einer vollgesteuerten Schaltung gerade bei kleinen Spannungen, z. B. beim Anfahren eines Gleichstromantriebs, die maximale Steuerblindleistung aufzubringen ist. Der Vorteil der Folgesteuerung oder der halbgesteuerten Schaltung besteht darin, dass der Bedarf an Steuerblindleistung z. B. im Anfahrbereich eines Gleichstromantriebs reduziert wird.

a)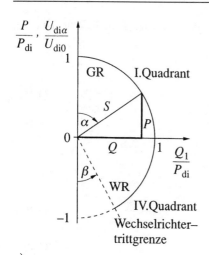

Bild 4-17
Leistungsaufteilung bei verschiedenen Ansteuerverfahren
a) Steuerblindleistung in Abhängigkeit von der Stromrichteraussteuerung (Gleichspannung) für konstanten Gleichstrom I_d (idealisierte Darstellung mit $u=0$)
b) Betriebsbereiche für vollgesteuerte (V) und halbgesteuerte (H) Schaltungen
c) Betriebsbereiche für folgegesteuerte (F) Stromrichterschaltungen im Vergleich zur Vollsteuerung (Prinzip)

b)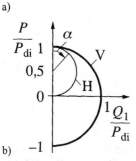

c)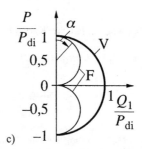

4.1.10 Netzrückwirkungen

Der Stromrichter entnimmt dem Netz die geforderte Leistung und wirkt somit auf das Netz zurück. Dabei sind drei unerwünschte Auswirkungen zu beachten:

1. Steuerblindleistung
2. Kommutierungseinbrüche der Netzspannung
3. Oberschwingungsströme im Netz (Oberschwingungsgenerator)

Steuerblindleistung

Zusammen mit der Wirkleistung tritt auch Steuerblindleistung auf, da die Zündeinsatzsteuerung eine Verschiebung des Netzstromes gegenüber der Netzspannung erzeugt. Siehe hierzu auch die Bilder 4-17a bis c.

4.1 Netzgeführte Stromrichter

Kommutierungseinbrüche der Netzspannung

Betrachtet man das Ersatzschaltbild eines Netzes mit angeschlossenem Stromrichter (Bild 4-18), so ergeben sich an den Stromrichterklemmen durch die Kommutierung Spannungskurzschlüsse, die an das Netz weitergegeben werden (Bild 4-19).

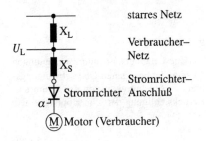

Bild 4-18
Ersatzschaltbild eines Netzes mit Stromrichter und Lastmaschine

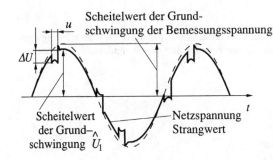

Bild 4-19
Kurzzeitspannungseinbrüche bei der Netzwechselspannung (Strangspannung) durch die Kommutierung im Stromrichter; u Überlappungszeit

Die Höhe der Spannungseinbrüche bei (induktivem) Netz erhält man zu:

$$\frac{\Delta U}{U_L} = \frac{X_L}{X_L + X_S} \qquad (4.28a)$$

oder über die Kurzschlussleistungen zu

$$\frac{\Delta U}{U_L} = \frac{S_{TN}}{S_{TN} + (u_k/100)S_k} \qquad (4.28b)$$

mit der Kurzschlussspannung u_k gerechnet. Ferner sind ΔU = Spannungseinbruch, U_L = Bemessungs-Netzspannung, X_L = Netzimpedanz, X_S = Kommutierungsimpedanz des Stromrichters, S_{TN} = Bemessungsleistung des Stromrichtertransformators und S_k = Netzkurzschlussleistung bei Bemessungsspannung.

Für öffentliche Netze werden solche Spannungseinbrüche durch Stromrichter noch als zulässig angesehen, wenn sie 20% des Scheitelwertes nicht übersteigen. Dies wird erreicht, wenn die dem Stromrichter vorgeschaltete Kommutierungsdrossel oder der Transformator eine Kurzschlussspannung von 4% hat, und wenn die Anschlussleistung des Stromrichters nur 1% der Netzkurzschlussleistung beträgt.

Oberschwingungen der Ausgangsgleichspannung

Durch die dem Mittelwert der Gleichspannung $U_{di\alpha}$ überlagerten Oberschwingungsspannungen U_v ergibt sich eine Spannungswelligkeit w_u. Bild 4-14 zeigt die bezogenen Oberschwingungsspannungen auf der Gleichstromseite eines Stromrichters in Abhängigkeit von der Stromrichteraussteuerung für verschiedene Pulszahlen p ohne Berücksichtigung der Überlappung u. Die Spannungswelligkeit w_u erhält man zu:

$$w_u = \frac{U_u}{U_{di}} 100 \text{ in \%} \tag{4.29}$$

mit U_u = Gesamteffektivwert der Oberschwingungsspannungen

$$U_u = \sqrt{\Sigma U_v^2} \tag{4.30}$$

Gibt man z.B. für den Betrieb einer Gleichstrommaschine den zulässigen Oberschwingungsstrom $I_{ozul} < 0{,}1\ I_{dN}$ vor, so lässt sich die erforderliche Gesamtglättungsinduktivität berechnen:

$$L_{ges} = \frac{U_u}{p\omega I_o} \tag{4.31}$$

mit p = Pulszahl der Schaltung

$\omega = 2\pi f$

I_o = zulässiger Oberschwingungsstrom

Zur Drosselauslegung siehe auch Kapitel 3.

Um das Stromlücken bei kleinen Lastströmen zu vermeiden, ist eine deutlich größere Induktivität erforderlich. Bild 4-15 zeigt die Abhängigkeit des Lückfaktors f_L zur Ermittlung der Lückdrossel-Induktivität für vollgesteuerte Stromrichterschaltungen. Die erforderliche Induktivität erhält man zu:

$$L_L = \frac{f_L U_{di\alpha}}{I_{dL}} \tag{4.32}$$

mit f_L = Lückfaktor, schaltungsabhängig nach Bild 4-15.

Sicherheitshalber sollte man den Wert für die größte Stromwelligkeit ($\cos\alpha = 0$) einsetzen. Durch die blockförmigen Ströme entstehen im Netz Oberschwingungsströme der Ordnungszahl $v = kp \pm 1$, wobei $k = 1, 2, 3,...$ usw. ist.

4.2 Lastgeführte Stromrichter

Fremdgeführte Stromrichter beziehen ihre Kommutierungsblindleistung entweder aus dem Netz oder von der Last. Die netzgeführten Stromrichter werden in Abschnitt 4.1 behandelt.
Beim lastgeführten Stromrichter stellt die Last die Kommutierungsspannung während der Kommutierung bereit. Dazu muss der Laststrom eine kapazitive Komponente aufweisen, da der Stromrichter zur natürlichen Kommutierung immer induktive Blindleistung braucht. Diese Bedingung kann eine übererregte Synchronmaschine oder ein Reihen- und Parallelschwingkreis erfüllen. Der so geführte Stromrichter verhält sich wie bei der Führung durch das Netz.

4.2.1 Stromrichtermotor

Die Schaltung eines Stromrichtermotors mit zugehörigem Stromrichter zeigt Bild 4-20. Die Schaltung der Stromrichter SRI und SRII entspricht der netzgeführter Stromrichter. Der SRI arbeitet im Motorbetrieb der Synchronmaschine als Gleichrichter und erzeugt durch Anschnittsteuerung die erforderliche Gleichspannung U_{dI}. Eine Glättungsdrossel L_d glättet den Gleichstrom I_d und entkoppelt die beiden Stromrichter energetisch. Der Stromrichter SRII arbeitet als lastgeführter Wechselrichter (die Kommutierungsspannung wird durch die Last bereitgestellt). Stromrichter SRII erzeugt die Gleichspannung U_{dII}; im stationären Betrieb gilt: $U_{dI} = -U_{dII}$. Die Synchronmaschine kann den lastseitigen Stromrichter SRII nur führen, wenn sie induktive Kommutierungsblindleistung abgeben kann, also übererregt ist.

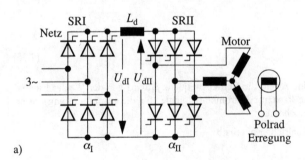

a)

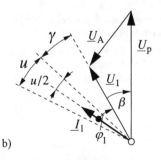

b)

Bild 4-20
Stromrichtermotor
a) Prinzipschaltbild mit Netzstromrichter SRI und maschinenseitigem Stromrichter SRII
b) Zeigerdiagramm der Maschine

Da im Stillstand der Synchronmaschine für den Stromrichter SRII kein führendes Netz vorhanden ist (die Polradspannung ist noch 0), müssen für den Anfahrvorgang besondere Maßnahmen eingeleitet werden. Eine mögliche Maßnahme ist das Auf- und Zusteuern des Netzstromrichters SRI im Takt der niedrigen Anfahrfrequenz bis zu einigen Hz, bis die von der Synchronmaschine gelieferte Spannung zur Kommutierung ausreicht.

Kehrt sich im Betrieb die Energierichtung um, wird SRII in den Gleichrichterbetrieb gesteuert und SRI als Wechselrichter betrieben. Natürlich wechseln dann auch die Gleichspannungen ($-U_{dI} = U_{dII}$) die Vorzeichen. Die Stromrichtung bleibt jedoch erhalten; die Synchronmaschine arbeitet im Generatorbetrieb.

4.2.2 Schwingkreiswechselrichter

Eine ohmsch-induktive Last kann durch einen Kondensator zu einem Schwingkreis ergänzt werden. Je nach Schaltung erhält man einen Parallel- oder Reihenschwingkreis. Die Eigenfrequenz des freischwingenden verlustbehafteten (Dämpfung) Lastschwingkreises mit dem Dämpfungsglied δ ist:

$$f_\delta = \frac{\omega_0}{2\pi}\sqrt{1-\delta^2} \qquad (4.33)$$

mit der Dämpfung

$$\delta = \frac{R}{2\omega_0 L} \qquad (4.34)$$

und der Kreisfrequenz

$$\omega_0 = \frac{1}{\sqrt{LC}} \qquad (4.35)$$

Die Gleichungen gelten für beide Arten; die Betriebsfrequenz f_B wird von der Wechselrichtersteuerung vorgegeben. Um eine kapazitive Stromkomponente (für die Kommutierung) zu erhalten, muss die Betriebsfrequenz beim

- Parallelschwingkreis-Wechselrichter oberhalb

und beim

- Reihenschwingkreis-Wechselrichter unterhalb

der Eigenfrequenz liegen. Die erreichbaren (oberen) Betriebsfrequenzen liegen bei ca. 10 kHz; dies wird im wesentlichen von der Freiwerdezeit der Thyristoren bestimmt (siehe Kap. 2). Für das erste Anschwingen ist eine Starteinrichtung erforderlich. Kapazitive Energiespeicher auf der Lastseite ermöglichen die erste Kommutierung nach dem Einschalten. Die Wechselrichter werden meist mit vorgeschalteten Netzstromrichtern betrieben; es sind dann Schwingkreis-Umrichter.

Parallelschwingkreis-Wechselrichter

Beim Parallelschwingkreis-Wechselrichter ist die ohmsch-induktive Last (L und R) durch einen Parallelkondensator C ergänzt (Bild 4-21). Die Glättungsdrossel L_d entkoppelt die beiden

4.2 Lastgeführte Stromrichter

Spannungen U_Z und U_C. In jedem Brückenzweig liegt ein steuerbares Halbleiterventil. Die Spannung U_C an der Last ist nahezu sinusförmig. Der blockförmige Strom geht bei der Kommutierung direkt von einem Ventil auf das folgende über. Der Laststrom eilt der Lastspannung U_C um den Winkel φ vor. Dies ist wegen des Löschwinkels γ notwendig (Bild 4-22).

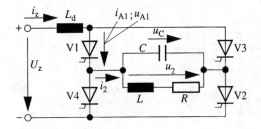

Bild 4-21
Schaltung eines Parallelschwingkreis-Wechselrichters in Brückenschaltung

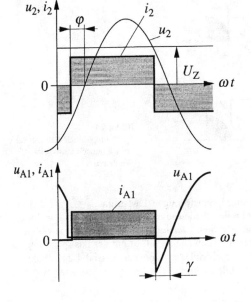

Bild 4-22
Spannungs- und Stromverlauf beim Parallelschwingkreis-Wechselrichter

Für die Brückenschaltung erhält man den Scheitelwert der Lastspannung zu:

$$\sqrt{2}U_{\text{Last}} = \sqrt{2}U_C = \frac{\pi}{2\cos\gamma}U_Z \tag{4.36}$$

mit γ = Löschwinkel ($\gamma = 180° - \alpha$, Steuerwinkel α). Die Leistung wird durch Verstellen der Gleichspannung U_Z gesteuert.

Reihenschwingkreis-Wechselrichter

Beim Reihenschwingkreis-Wechselrichter wird die ohmsch-induktive Last (L und R) durch einen Reihenkondensator C ergänzt (Bild 4-23). In jedem Brückenzweig liegt ein steuerbares Halbleiterventil mit antiparalleler Freilaufdiode. Der Kondensator C_d stützt die Gleichspannung.

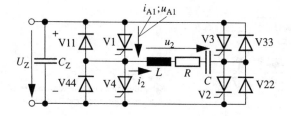

Bild 4-23
Schaltung eines Reihenschwingkreis-Wechselrichters

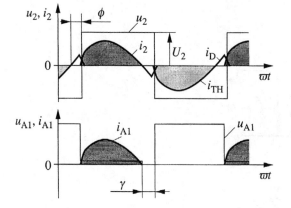

Bild 4-24
Spannungs- und Stromverläufe am Reihenschwingkreis-Wechselrichter

Der Reihenschwingkreis erzwingt einen nahezu sinusförmigen Laststrom $i_2 = i_{Last}$, den abwechselnd die steuerbaren Ventile und die Freilaufdioden führen. Die Lastspannung ist blockförmig; ebenso die Sperrspannungen an den Ventilen. Der Laststrom kommutiert jeweils von der Freilaufdiode auf das antiparallele steuerbare Halbleiterventil. Er eilt der Lastspannung um den Phasenwinkel φ vor; dies ist wegen des Löschwinkels γ notwendig (Bild 4-24). Während der Stromführung der Thyristoren liefert die Gleichstromquelle Energie in die Last; während der Freilaufphase fließt Energie zurück.

Für die Brückenschaltung erhält man den Scheitelwert des Laststroms zu:

$$\sqrt{2} I_{Last} = \frac{\pi}{2 \cos \gamma} I_d \qquad (4.37)$$

mit γ = Löschwinkel.

Die Leistung des Wechselrichters wird über die Höhe der Gleichspannung gesteuert.

5 Selbstgeführte Stromrichter

Selbstgeführte Stromrichter stellen die Kommutierungsspannung zum Löschen der Thyristor-Ventile selbst bereit. D. h., sie benötigen keine fremde Wechselspannungsquelle zur Kommutierung wie die netzgeführten Stromrichter. Früher wurden selbstgeführte Stromrichter mit aufwendigen Löschschaltungen für Thyristoren verwendet, die heutzutage durch Schaltungen mit abschaltbaren Leistungshalbleitern wie z. B. GTO-Thyristoren, Bipolare Transistoren oder IGBTs ersetzt werden.

5.1 Gleichstromsteller (Chopper)

Die Aufgabe des Gleichstromstellers ist die Versorgung eines Verbrauchers mit variabler Gleichspannung, wobei die Energie aus einer Quelle mit konstanter Spannung entnommen wird. Durch Pulsen der Spannung wird der Mittelwert der Gleichspannung variiert.

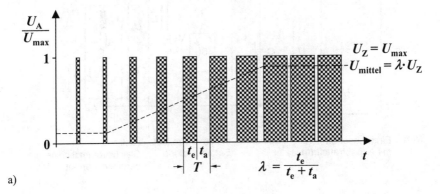

Bild 5-1 Spannungsverstellung durch Pulsen   a) Pulsbreitensteuerung   b) Frequenzsteuerung

Bei der Pulsung wird entweder die Pulsfrequenz $f_p = 1/T$ konstant gehalten und die Einschaltzeit t_e variiert (Pulsbreitensteuerung) oder die Einschaltzeit t_e konstant gehalten und die Pulsfrequenz f_p verändert (Frequenzsteuerung). Auch die kombinierte Anwendung von Pulsbreitensteuerung und Frequenzsteuerung wird z. B. bei Zweipunktregelung des Laststromes angewendet. Abhängig von der Energieflussrichtung kommen 1-Quadrant- oder Mehrquadrantsteller zur Anwendung.

5.1.1 1-Quadrantbetrieb

Bild 5-2 zeigt das Prinzipbild eines Gleichstromsteller für 1-Quadrantbetrieb mit den dazugehörigen Strom- und Spannungsverläufen. Er ist in der Lage den Energiefluss von der Quelle zum Verbraucher durch Veränderung des Einschaltverhältnisses $a = t_e/T$ zu regeln. Der Mittelwert der Ausgangsspannung kann dabei von $U_A = 0$ Volt (a = 0) bis $U_A = U_Z$ verstellt werden. Sie kann in Bezug auf die Quellenspannung U_Z nur verringert werden, weshalb diese Art der Schaltung auch als Tiefsetzsteller bezeichnet wird.

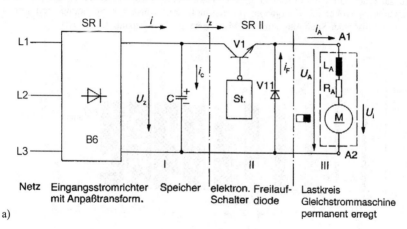

a)

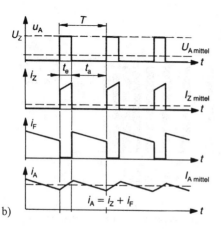

b)

Bild 5-2
Gleichstromsteller für 1-Quadrantbetrieb
a) Prinzipschaltung
b) Strom- und Spannungsverläufe

5.1 Gleichstromsteller (Chopper)

Beim Einschalten des Gleichstromes mit dem Leistungshalbleiterschalter steigt der Strom in der ohmsch-induktiven Last an. Die Induktivität im Lastkreis sollte genügend groß sein, dass der Stromanstieg im Halbleiterschalter während der Einschaltzeit t_e auf zulässige Werte begrenzt bleibt. Wird der Stromfluss durch Abschalten des Leistungshalbleiterschalters unterbrochen, so muss darauf geachtet werden, dass die in den Induktivitäten des Lastkreises gespeicherte magnetische Energie $Li^2/2$ nicht schlagartig abgebaut wird. Dies würde wegen des hohen di/dt zu Überspannungen und somit zur Zerstörung des Stromrichters führen. Deswegen muss nach dem Abschalten dafür gesorgt werden, dass der Laststrom, der durch die Lastinduktivität weiter getrieben wird, über die eine sogenannte Freilaufdiode weiterfließen kann (Bild 5-2). Der Laststrom fällt dann mit der Zeitkonstanten des Lastkreis ab. Die Spannung an der Last ist während dieser Freilaufphase gleich der Flussspannung der Diode und somit näherungsweise gleich Null.

Werden die Ein- und Ausschaltvorgänge periodisch mit der Pulsfrequenz $f_p = 1/T$ wiederholt, so ergeben sich die Strom- und Spannungsverläufe entsprechend Bild 5-2 b. Der Stromfluss in der Last ist während der Einschaltphase und während der Freilaufphase nur in der positiven Richtung möglich. Auch der Mittelwert der Ausgangsspannung kann nur positive Werte annehmen. Demzufolge ist mit dieser Schaltung der Betrieb nur in einem Quadranten (1-Quadrantbetrieb) und somit auch der Energiefluss nur in einer Richtung möglich.

Ist ein Betrieb mit beiden Spannungs- oder Stromrichtungen oder eine Umkehr der Energierichtung erwünscht, so muss die Stromrichterschaltung entsprechend erweitert werden.

5.1.2 4-Quadrantbetrieb

Bild 5-3 zeigt einen Gleichstromsteller für 4-Quadrantbetrieb. Der Leistungsteil besteht aus einer Brückenschaltung mit vier abschaltbaren Leistungshalbleitern und vier antiparallel geschalteten Freilaufdioden. Die Brücke wird aus einer Quelle mit konstanter Spannung gespeist. Die Arbeitsweise soll anhand der Steuerimpulsraster und der idealisierten Strom- und Spannungsverläufen beschrieben werden Bild 5-3. Die Flussspannung an den Leistungshalbleitern wird hierzu vernachlässigt.

Motorbetrieb (Energiefluss in die Last)

Durch Ansteuerung zweier jeweils diagonal liegender Schalter (V1 und V4 oder V2 und V3) kann die Spannung in beiden Richtungen an die Last geschaltet werden. Auch der Strom kann mit dieser Schaltung in beide Richtung durch die Last fließen. Wird ein positiver Spannungsmittelwert an der Last verlangt, so werden die Ventile V1 und V4 eingeschaltet (t_0). Die Zwischenkreisspannung U_Z liegt jetzt an der Last und führt zu einem Anstieg des Laststromes, der durch die Höhe der Spannung U_Z und die Induktivität der Last bestimmt ist. Erreicht der Laststrom den durch die Steuerung vorgegebnen Wert, schaltet die Steuerung den Schalter V1 ab (t_1). Die Induktivität des Lastkreises treibt nun den Freilaufstrom über die Diode V22, die Last und V4 in der unteren Brückenhälfte. Die Spannung an der Last wird zu Null. Ebenso wird der Strom i_Z zu Null. Zum Zeitpunkt t_2 wird dann V1 wieder eingeschaltet und es stellt sich der gleich Zustand wie zum Zeitpunkt t_0 ein. Wenn jetzt zum Zeitpunkt t_3 der Leistungsschalter V4 abgeschaltet wird, kommutiert der Strom auf die Freilaufdiode V33 und fließt über V1 und die Last in der oberen Brückenhälfte weiter. Mit erneutem Schließen von V4 (t_1) beginnt der Schaltzyklus wieder von vorn.

86   5 Selbstgeführte Stromrichter

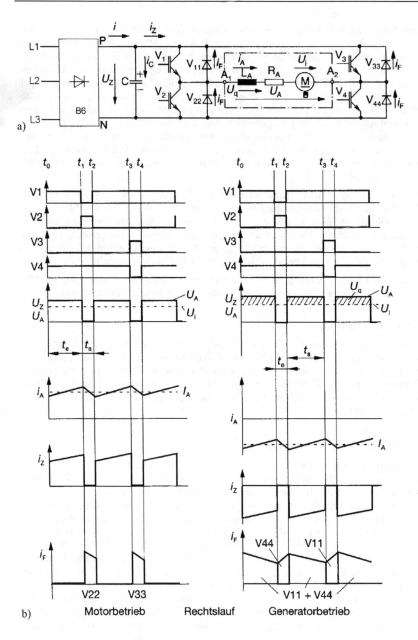

Bild 5-3 Gleichstromsteller für 4-Quadrantenbetrieb
a) Prinzipschaltung
b) Strom- und Spannungsverläufe für Motor- und Generatorbetrieb (Rechtslauf)

5.1 Gleichstromsteller (Chopper)

Über die Steuerung der Einschaltzeit (Pulsbreite) der Leistungsschalter kann der Mittelwert der Lastspannung kontinuierlich verstellt werden. Um die Pulsfrequenz an der Last zu erhöhen und die Schaltverluste an jedem Leistungshalbleiter zu reduzieren, arbeitet dieser Gleichstromsteller mit versetzter Pulsbreitensteuerung der beiden Ventile V1 und V4 oder der Ventile V2 und V3, wie in Bild 5-3 dargestellt ist. Dadurch fließt der Freilaufstrom nur in einer Brückenhälfte über den Leistungsschalter, die Last und die Freilaufdiode. Während die Leistungsschalter nur mit einfacher Frequenz pulsen, hat der Laststrom die doppelte Pulsfrequenz, wodurch sich die Welligkeit des Laststromes reduziert.

Generatorbetrieb (Energierückspeisung)

Wird Energie von der Last über den Stromrichter in den Zwischenkreis zurückgespeist, wie es z. B. beim Abbremsen einer elektrischer Maschine der Fall ist, so kann mit dieser Stromrichterschaltung (Bild 5-3) diese Energierückspeisung realisiert werden. Bei gleicher Drehrichtung kehren sich die Ströme in der Maschine und im Zwischenkreis hierzu um, wodurch sich der Zwischenkreiskondensator auflädt und dessen Spannung ansteigt.

Die induzierte Spannung einer mit einem 4-Quadrantensteller betriebenen elektrischen Maschine ist normalerweise kleiner als die Zwischenkreisspannung U_Z, so dass kein Strom über die Freilaufdioden in den Zwischenkreis fließen kann. Um Energie in den Zwischenkreis zurückzuspeisen, muss ein Stromfluss in den Zwischenkreis erfolgen. Hierzu wird die Energie zunächst in der Induktivität des Lastkreises (Maschineninduktivität) zwischengespeichert und dann über die Freilaufdioden in den Zwischenkreis eingespeist. Das Pulsmuster hierzu sieht wie beim Motorbetrieb aus. Der Übergang vom Motor- in den Generatorbetrieb kommt durch Verkürzung der Einschaltzeit t_e und durch Verlängerung t_a der Ausschaltzeit zustande. Die Ein- und Ausschaltzeitenzeiten definieren sich dann im Generatorbetrieb entsprechend Bild 5-3 b. Während der Einschaltzeit im Generatorbetrieb ist die Maschine kurzgeschlossen. Der Kurzschlussstrom fließt dann in der unteren Brückenhälfte über V2, V44 und die Maschine. Ist der gewünschte Bremsstrom erreicht, so wird V2 abgeschaltet und die Summenspannung, gebildet aus der Induktionsspannung der Induktivität L_A und der induzierten Spannung, treibt den Maschinenstrom über V11 und V44 in den Zwischenkreiskondensator. Zum Zeitpunkt t_3 wird dann der Schalter V3 eingeschaltet und der Kurzschlussstrom zirkuliert nun in der oberen Brückenhälfte. Die Energie wird wiederum in der Induktivität des Lastkreises gespeichert und nach dem Abschalten von V3 zum Zeitpunkt t_4 in den Zwischenkreis geliefert. Der Vorgang wird periodisch wiederholt und führt durch das versetzte Pulsen zu den gleichen Vorteilen (reduzierte Schaltverluste je Leistungsschalter, höhere Pulsfrequenz beim Laststrom) wie beim Motorbetrieb.

Spannungsumkehr

Wird anstatt einer positiven eine negative Spannung an der Last gewünscht z. B. wegen Drehrichtungsumkehr der elektrischen Maschine, so wird dieses dann erreicht, wenn im Motorbetrieb (Bild 5-3 b) die Ausschaltzeit t_a größer als die Einschaltzeit t_e gewählt wird. Dann gibt es nur noch Zeitbereiche, in denen die Leistungsschalter V2 und V3 gleichzeitig eingeschaltet sind und nicht mehr V1 und V4. Daraus resultiert eine negative Lastspannung. Für Motor- und Generatorbetrieb bei negativer Lastspannung (umgekehrte Drehrichtung der elektrischen Maschine) resultieren dann die Pulsmuster für die Leistungsschalter analog der bei positiver Lastspannung wie oben beschrieben. Somit kann jede Stromrichtung und jede Spannungsrichtung an der Last durch kontinuierliche Verstellung der Einschaltzeiten der vier Leistungsschalter erfolgen. Ist eine elektrische Maschine als Last an den Stromrichter geschaltet, so kann diese in allen vier Quadranten betrieben werden.

5.2 Selbstgeführte Wechselrichter

Selbstgeführte Wechselrichter formen Gleichstrom in Wechselstrom um. Es kommen abschaltbare Elemente als Leistungsschalter zum Einsatz, so dass keine fremde Spannungsquelle zur Kommutierung des Stromes benötigt wird, wie es z. B. bei netzgeführten Wechselrichterbrückenschaltungen mit Thyristoren der Fall ist. Thyristoren mit Löscheinrichtung (Zwangskommutierte Thyristorschaltungen) werden heutzutage durch abschaltbare Leistungshalbleiter ersetzt.

Die von einem selbstgeführten Wechselrichter erzeugte Wechselspannung kann in ihrer Frequenz und in der Amplitude in der Regel in einem weiten Bereich verstellt werden. Es lassen sich einphasige und mehrphasige selbstgeführte Wechselrichter realisieren, die nach dem Pulsverfahren gesteuert und geregelt werden (Pulswechselrichter). Beide basieren auf dem Grundprinzip des Spannungspulsens, wie es auch bei Gleichstromstellern zur Anwendung kommt. Es wird durch Pulsbreitensteuerung der Mittelwert der Ausgangsspannung verstellt, wobei der Strom aufgrund der induktiven Last sich nur stetig verändern kann und somit einen gleichmäßigeren Verlauf hat als die Spannung.

5.2.1 Einphasige Pulswechselrichter

Bild 5-4 zeigt die Schaltung eines einphasigen Pulswechselrichters, der aus einer Quelle konstanter Spannung mit Energie versorgt wird. Diese einphasige Brückenschaltung entspricht prinzipiell der Schaltung eines 4-Quadranten-Gleichstromstellers, der im Kapitel 5.1 behandelt wurde. Jeder Brückenzweig besteht aus einem abschaltbaren Leistungshalbleiter und einer antiparallelen Diode. Der Unterschied zum 4-Quadranten-Gleichstromsteller besteht in der Steuerung dieses Stromrichters. Das Pulsmuster wird hier nicht wie beim Gleichstromsteller auf ein bestimmtes konstantes Einschaltverhältnis t_e/T entsprechend eines gewünschten Spannungsmittelwertes eingestellt, sondern durch Vorgabe der Steuerung beispielsweise sinusförmig verändert. Daraus resultiert dann eine sich im Mittel sinusförmig ändernde Spannung (Grundschwingung), wie es in Bild 5-4 b dargestellt ist. Somit ist auch ersichtlich, dass die Grundschwingungsfrequenz der erzeugten Wechselspannung von 0 Hz (Gleichspannung) bis zur Maximalfrequenz kontinuierlich verstellt werden kann. Die Maximalfrequenz ist abhängig von der Pulsfrequenz f_p und der zulässigen Stromoberschwingungen in der Last. Die Stromoberschwingungen hängen wiederum von der Pulsfrequenz f_p, von der Höhe der Zwischenkreisspannung und der Induktivität auf der Lastseite ab. Weiterhin ist in Bild 5-4 b erkennbar, dass sich die Stromoberschwingungen auch mit der Grundschwingungsfrequenz der Wechselspannung ändern, da bei hoher Frequenz weniger Spannungspulse pro Periode zur Verfügung stehen, als bei niedrigerer Frequenz.

Die Stromänderungsgeschwindigkeit ist abhängig von der Lastinduktivität und der den Strom treibenden Spannung. Da die Einschaltzeiten jedes Stromrichters nach unten begrenzt ist (minimale Einschaltzeit), muss darauf geachtet werden, dass während dieser minimalen Einschaltzeit die Stromänderung nicht unzulässig groß wird. Mit Vorgabe einer gewissen Mindestinduktivität auf der Lastseite kann diese Forderung erfüllt werden.

5.2 Selbstgeführte Wechselrichter

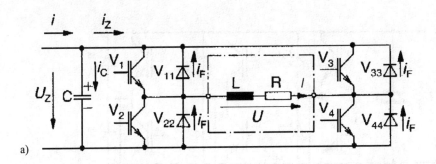

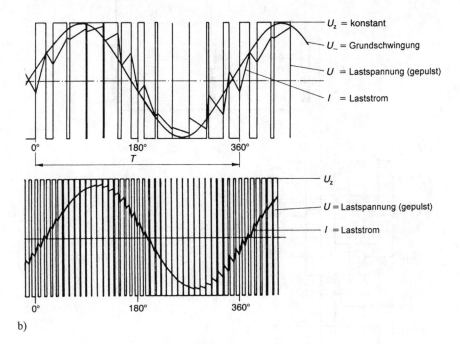

Bild 5-4 Einphasiger Pulswechselrichter
a) Schaltung (einphasige Brückenschaltung)
b) Strom- und Spannungsverläufe bei unterschiedlicher Grunschwingungsfrequenz

5.2.2 Mehrphasige Pulswechselrichter

Durch Erweiterung der einphasigen Pulswechselrichterschaltung mit einem weiteren Brückenzweig mit zwei Leistungsschaltern und antiparallelen Freilaufdioden kann eine dreiphasige Wechselrichterschaltung realisiert werden, wie sie in Bild 5-5 dargestellt ist.

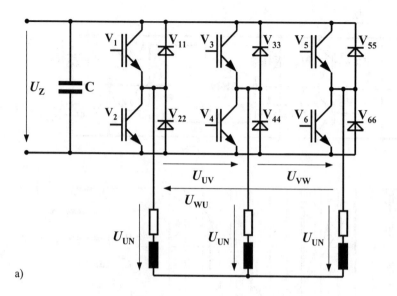

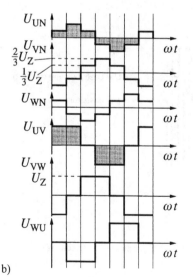

Bild 5-5
Erzeugung der Drehspannung aus einer konstanten Zwischenkreisspannung
a) Schaltung des dreiphasigen Pulswechselrichters
b) Spannungsverläufe (Prinzip)

Durch Hinzufügen weiterer Brückenzweige kann die Anzahl der Phasen weiter erhöht werden. Die Erzeugung einer mehrphasigen Wechselspannung kann jetzt dadurch realisiert werden, dass die Leistungshalbleiterschalter mit einer sinusförmigen Pulsbreitensteuerung und entsprechender Phasenlage für jeden Brückenzweig angesteuert werden. Für die Erzeugung von drei-

5.2 Selbstgeführte Wechselrichter

phasigen Drehstrom sind verschiedene Verfahren zur Generierung der Pulsmuster gebräuchlich. Dieses sind die Raumzeigermodulation, die Modulation mit sinusförmiger Pulsbreitensteuerung und die Hysteresestrompulsung, die in Kapitel 6.3 beschrieben sind.

In Bild 5-6 sind gemessene Strom- und Spannungsverläufe am Ausgang eines dreiphasigen Pulswechselrichters mit in Stern geschalteter ohmsch-induktiver Last dargestellt. Die Pulsbreite wird sinusförmig moduliert, wodurch ein näherungsweise sinusförmiger Verlauf des Laststromes i_V entsteht.

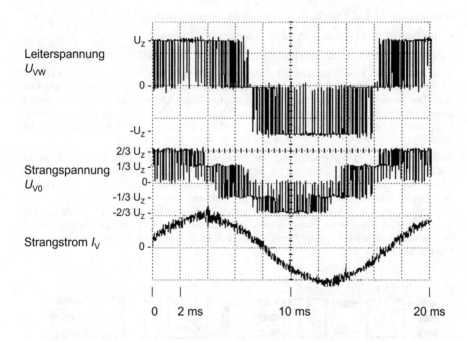

Bild 5-6 Spannungs- und Stromverläufe am Ausgang eines dreiphasigen Pulswechselrichter mit im Stern geschalteter ohmsch-induktiver Last und sinusförmig modulierter Pulsbreite (gemessen)

6 Umrichter

Bleibt bei der Umrichtung der elektrischen Energie durch einen Stromrichter die ursprüngliche Stromart – Gleich- oder Wechselstrom – erhalten, so bezeichnet man diesen Vorgang als Umrichten. Die eingesetzten Stromrichter heißen demzufolge Umrichter.

6.1 Übersicht

In Umrichtern können folgende Systemgrößen umgewandelt werden:
- Bei Gleichstrom-Umrichter: Polarität, Spannung und Strom.
- Bei Wechselstrom-Umrichter: Frequenz, Phasenfolge, Phasenzahl, Spannung und Strom

Man unterscheidet zwischen Umrichtern, die direkt zwischen zwei Netzen wirken, sogenannte Direktumrichter, und denen, die die Netze indirekt über einen Zwischenkreis miteinander koppeln. Die Direktumrichter kommen als Wechselstrom-Umrichter zur Anwendung und weisen keine Energiespeicher nennenswerter Größe auf. Ihr Einsatz führt deswegen zu einer „harten" Kopplung der beiden Wechselstromnetze. Sie sind netzgeführt und werden in Kapitel 6.6 beschrieben.

Zwei Stromrichter in Reihenschaltung, die über einen Zwischenkreis miteinander gekoppelt sind, werden als Zwischenkreisumrichter bezeichnet. Sie weisen im Zwischenkreis einen Energiespeicher nennenswerter Größe auf. Die Art der Speichergröße charakterisiert den Typ des Zwischenkreisumrichters. Eine Induktivität kennzeichnet eine Stromzwischenkreisumrichter. Die Energie wird in dem durch den Strom verursachten magnetischen Feld zwischengespeichert. Ein Kondensator im Zwischenkreis kennzeichnet ein Umrichter mit Spannungszwischenkreis. Die Speicherung der Energie erfolgt dann in dem durch die Spannung erzeugten elektrischen Feld.

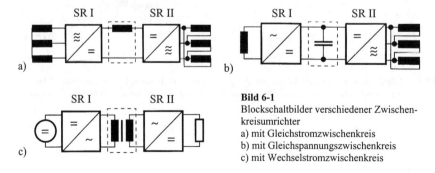

Bild 6-1
Blockschaltbilder verschiedener Zwischenkreisumrichter
a) mit Gleichstromzwischenkreis
b) mit Gleichspannungszwischenkreis
c) mit Wechselstromzwischenkreis

Ein Zwischenkreisumrichter kann auch zur Kopplung von zwei Gleichstromnetzen verwendet werden, wobei dann die Energieübertragung zwischen den Stromrichtern über einen Wechselstromzwischenkreis durchgeführt wird (Bild 6-1 c).

6.2 Gleichstromumrichter mit Wechselspannungszwischenkreis

Die Zwischenkreisumrichter weisen durch ihren Energiespeicher im Zwischenkreis eine momentane energetische Entkopplung zwischen den beiden Stromrichter und somit auch zwischen den Netzen auf. Man spricht von einer „weichen" Kopplung.

6.2 Gleichstromumrichter mit Wechselspannungszwischenkreis

Der Gleichstromumrichter besitzt einen selbstgeführten Eingangsstromrichter, der eine Wechselspannung erzeugt. Am Beispiel des in Bild 6-2 a dargestellten Tiefsetzstellers besteht der Eingangsstromrichter nur aus dem Leistungsschalter V1. Am Ausgang des Leistungshalbleiters entsteht eine Wechselspannung mit überlagertem Gleichanteil $U_1 = U_L + U_d^*$, wobei der Gleichanteil abhängig von dem Einschaltverhältnis $a = t_e/T$ ist (Bild 6-2 b). Diese wird über einen nachgeschalteten Transformator, einem Spartransformator oder einer einfachen Induktivität übersetzt und in dem nachgeschalteten Ausgangsstromrichter gleichgerichtet. Im Falle des Tiefsetzstellers bildet die Induktivität den Wechselspannungszwischenkreis und bildet das Koppelelement zwischen Eingangs- und Ausgangskreis. Die Spannung U_L ist eine reine Wechselspannung; die schraffierten negativen und positiven Spannungszeitflächen sind gleich groß (Bild 6-2 b). Den Ausgangsstromrichter stellt die Diode V11 dar.

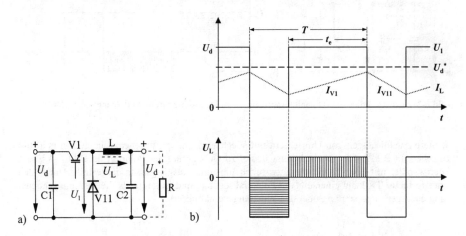

Bild 6-2 Tiefsetzsteller   a) Schaltungsprinzip   b) Idealisierte Strom- und Spannungsverläufe

Wenn an Stelle der Induktivität ein Transformator mit zwei getrennten Wicklungen für Primär- und Sekundärseite verwendet wird, können die beiden Gleichspannungskreise galvanisch getrennt und somit auch die Polarität der Ausgangsspannung frei gewählt werden.

Soll die Ausgangsspannung höher als die Eingangsspannung eingestellt werden, so kommt das Prinzip des Hochsetzstellers zur Anwendung (Bild 6-3). Ähnlich wie der Tiefsetzsteller ist auch hier eine Induktivität mit einer Wechselspannung als Übersetzungselement in die Schaltung integriert. Durch das Einschalten des Leistungshalbleiters V1 steigt der Strom I_L in der Induktivität an und somit auch die im magnetischen Feld gespeicherte Energie. Da beim Abschalten des Leistungsschalters V1 der Strom in der Induktivität weiter fließt, kann dieses nur über die Diode V11 geschehen. Aufgrund der an der Induktivität entstehenden Induktionsspannung springt die Spannung an V1 auf den Wert der Ausgangsspannung U_d^* plus Flussspannung der Diode V11. Die in der Induktivität gespeicherte Energie wird auf die Ausgangsseite und auf deren Spannungsniveau übertragen. Wie beim Tiefsetzsteller wird auch beim Hochsetzsteller aus einer Gleichspannung eine Wechselspannung an einer Induktivität erzeugt, um die Spannung dann mittels des Induktionsprinzips verlustarm an den gewünschten Wert anzupassen. Die Ausgangsspannung liegt beim Hochsetzsteller jedoch immer oberhalb der Eingangsspannung. Das Einschaltverhältnis t_e/T kann zur Regelung der Spannungshöhe oder des Laststromes verwendet werden.

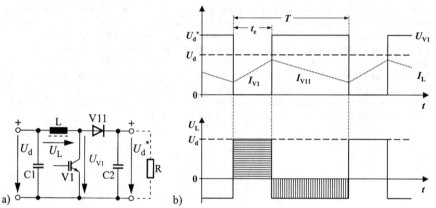

Bild 6-3 Hochsetzsteller   a) Schaltungsprinzip   b) Idealisierte Strom- und Spannungsverläufe

Weitere Ausführungen von Umrichtern mit Wechselspannungszwischenkreis sind in Bild 6-4 zu sehen. In Bild 6-4 a ist ein Inverswandler zu Umkehrung der Polarität, in Bild 6-4 b ein Sperrwandler mit Potentialtrennung zwischen Ein- und Ausgangsseite dargestellt. Durch den Transformator TR kann einerseits die Potentialtrennung und andererseits die Spannungsanpassung der Ausgangsspannung über das Wicklungsverhältnis erreicht werden.

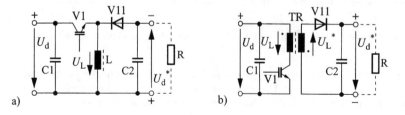

Bild 6-4   Weitere Ausführungen des Umrichters als Schaltnetzteil
   a) Inverswandler
   b) Sperrwandler mit Potentialtrennung durch einen Zweiwicklungstransformator

Das Anwendungsgebiet der gezeigten Schaltungen Bild 6-2 bis 6-4 liegt bei den Schaltnetzteilen in einem Leistungsbereich bis zu einigen Kilowatt. Wird der Pulsbetrieb mit einer hohen Pulsfrequenz - bis zu einigen 100 kHz – realisiert, so wird der Transformator besonders klein und das Gerät kann sehr kompakt aufgebaut werden, da auch die Filterbauteile entsprechend klein ausfallen. Bei hohen Frequenzen sind spezielle Kerne (geringe Eisenverluste bei hohen Frequenzen) für die Transformatoren erforderlich. Als Halbleiterbauelemente werden vorzugsweise MOSFETs oder IGBTs eingesetzt.

Die Schaltungen für Schaltnetzteile sind teilweise derart vereinfacht, so dass Eingangs- und Ausgangsstromrichter nur noch aus einem Halbleiterbauelement und den Filterelementen bestehen. Der Tiefsetzsteller und der Hochsetzsteller in (Bild 6-2 und 6-3) verwenden sogar keine Induktivität zwischen den Ventilen. Sie sind damit den Gleichstromstellern für 1-Quadrantbetrieb sehr ähnlich.

6.3 Umrichter mit Spannungszwischenkreis (U-Umrichter)

Umrichter mit Spannungszwischenkreis werden hauptsächlich zur Speisung von drehzahlvariablen Antrieben mit Drehstrommaschinen eingesetzt. Der Leistungsbereich erstreckt sich dabei von einigen 10 W bis zu mehreren MW. Bild 6-5 zeigt die Blockschaltbilder verschiedener U-Umrichter mit Drehstrommaschinen und die prinzipieller Spannungsverläufe am Ausgang des Stromrichters.

Werden Umrichter zur Steuerung oder Regelung von elektrischen Maschinen eingesetzt, so ist es erforderlich sowohl die Frequenz als auch die Höhe der Maschinenspannung näherungsweise proportional zur Machinendrehzahl zu verändern. Dies kann auf unterschiedliche Weise geschehen. Man unterscheidet Umrichter mit konstanter und mit variabler Zwischenkreisspannung.

Bei variabler Zwischenkreisspannung (Bild 6-5 a) wird mit dem netzseitigen Stromrichter – z. B. einer netzgeführten Drehstrombrückenschaltung mit Thyristoren – die Netzspannung gleichgerichtet. Die Energie wird in den Zwischenkreiskondensator C eingespeist, wobei die Spannungshöhe U_Z über den Steuerwinkel α einstellbar ist. Der Stromrichter II arbeitet dann im Blockbetrieb als Wechselrichter. Somit kann über SR I die Höhe der Spannung und Über SR II die Frequenz unabhängig voneinander eingestellt werden. Allerdings stehen auf der Maschinenseite nur blockförmige Spannungen zur Verfügung, welches für die meisten Drehstrommaschinen ungünstig ist. Der Betrieb führt bei den meisten Drehstrommaschinen nur mit sinusförmigen Spannung und Strömen zu einem gleichförmigen Drehmomentverlauf. Nicht nur die blockförmige Ausgangsspannung, sondern auch der sich mit dem Steuerwinkel α (SR I) ändernde Leistungsfaktor führt zu großen betriebspunkabhängigen Schwankungen des Blindleistungsbedarfs.

Bei Verwendung eines ungesteuerten Eingangsstromrichters (Bild 6-5 b und c) ist der Leistungsfaktor nahezu konstant ($\cos\varphi \approx 1$). Allerdings ist auch die Zwischenkreisspannung konstant, wodurch bei Blockbetrieb des maschinenseitigen Stromrichters nur eine konstante Wechselspannungsamplitude möglich wäre. Es gibt zwei Möglichkeit, wie sich die Spannungshöhe auf der Wechselstromseite zu verstellen. Einerseits kann mit einem Tiefsetzsteller (Bild 6-5 b) die Spannung des ungesteuerten Eingangsstromrichters an den gewünschten Wert angepasst werden. So steigt jedoch der Aufwand durch den zusätzlichen Stromrichter und es wird gleichzeitig der Wirkungsgrades reduziert. Eine andere Möglichkeit ist die Verwendung eines Pulswechselrichters als maschinenseitigen Stromrichter. Hierbei müssen die Leistungshalbleiter des maschinenseitigen Stromrichters für eine deutlich höhere Pulsfrequenz als die maximale Grundschwingungsfrequenz ausgelegt werden. Dann kann sowohl die Spannungshöhe als auch ein im Mittel sinusförmiger Verlauf der Wechselspannung durch eine sinusbewertete Pulsbreitensteuerung innerhalb der Halbperioden erfolgen. Aufgrund der induktiven Last können die Maschinenströme der Sinusform sehr gut angenähert werden, wodurch ein gleichmäßiger Drehmomentverlauf über der Zeit erreicht wird.

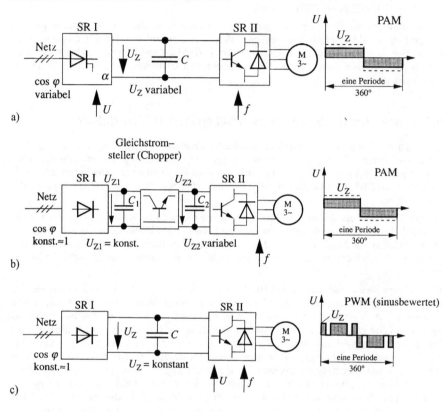

Bild 6-5 Umrichter mit Gleichspannungszwischenkreis
a) mit variabler Zwischenkreisspannung (Blockbetrieb)
b) mit Doppelzwischenkreis variabler Zwischenkreisspannung (Blockbetrieb)
c) mit konstanter Zwischenkreisspannung (sinusbewertete Pulsweitenmodulation)

6.3.1 Drehspannungserzeugung

Die sinusförmigen Drehspannungen des öffentlichen Energieversorgungsnetzes werden von umlaufenden Synchrongeneratoren erzeugt. Am Ausgang des U-Umrichters entsteht aus der Gleichspannung des Zwischenkreises dann eine Drehspannung, wenn die Halbleiterventile V1 bis V6 (Bild 6-6) in geeigneter Weise periodisch geschaltet werden.

6.3 Umrichter mit Spannungszwischenkreis (U-Umrichter)

Für die Freilaufphase sind jeweils antiparallel zu den Leistungsschaltern V1 bis V6 die Dioden V11 bis V66 geschaltet. Die Ventile im Wechselrichter werden jetzt so geschaltet, dass am Ausgang ein Drehspannungssystem entsteht.

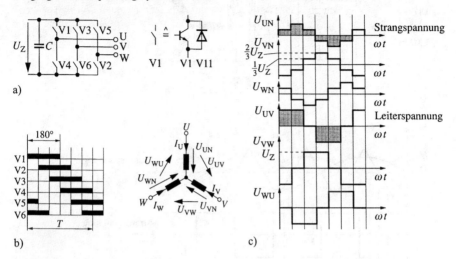

Bild 6-6 Erzeugung einer Drehspannung aus einer konstanten Zwischenkreisspannung
    a) Zwischenkreis und Pulswechselrichter mit den Halbleiterventilen V1 bis V6 und antiparallelen Freilaufdioden
    b) Schalterdiagramm zur Drehspannungserzeugung für eine Periode
    c) Spannungsverläufe bei im Stern geschalteter induktiver Last
    (Strang- und Leiterspannung)

Die Spannungsverläufe für Blockbetrieb des Wechselrichters sind im Bild 6-6 c dargestellt. Die induktive Last ist im Stern geschaltet, so dass sich für die Strangspannungen der dargestellte stufige Verlauf ergibt. Da diese Spannungsverläufe sehr oberschwingungshaltig sind und da so nur die Beeinflussung der Grundfrequenz und nicht der Spannungshöhe möglich ist, sind Verfahren notwendig, die - neben der Einstellung der Grundfrequenz - in der Höhe einstellbare Drehspannungen erzeugen. Prinzipiell wird dies durch Spannungspulsen (Pulswechselrichter) erreicht, wie es in Kapitel 5 beschrieben ist.

Drei verschiedene Pulsverfahren, mit denen es möglich ist, Drehspannungen und näherungsweise sinusförmige Ströme zu erzeugen, werden im Folgenden erläutert: Sinusbewertete Pulsweitenmodulation, Hysteresestrompulsung und Raumzeigermodulation.

Sinusbewertete Pulsweitenmodulation

Bei diesem Verfahren versucht man die Ströme durch geeignetes Spannungspulsen möglichst „sinusförmig" zu gestalten. Da die Leiterspannung am Ausgang des Pulswechselrichters nur die drei Werte $+U_Z$, 0 und $-U_Z$ annehmen kann, ist es nur möglich die Ströme und nicht die Ausgangsspannung selbst sinusförmig zu gestalten.

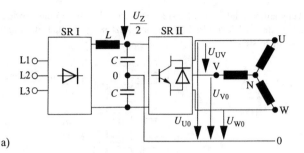

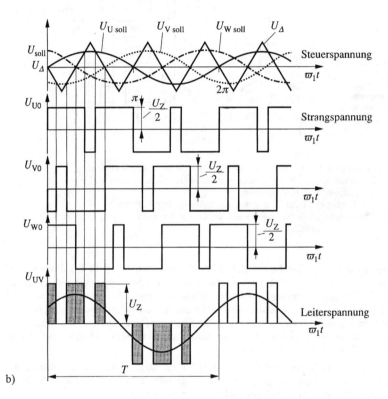

Bild 6-7 U-Umrichter mit sinusbewerteter Pulsweitenmodulation
    a) Schaltbild eines U-Umrichters mit Mittelanzapfung der Zwischenkreisgleichspannung
    b) Verläufe der Steuerspannungen und der Strang- und Leiterspannungen
        U_{soll} Sollwert der Ausgangsspannung (je Strang U, V, W)
        U_Δ Abtast-Dreieckspannung
        U_Z Zwischenkreisspannung
        U_{U0} Strangspannung
        U_{UV} Leiterspannung
        T Periodendauer der gewünschten Ausgangsfrequenz

6.3 Umrichter mit Spannungszwischenkreis (U-Umrichter)

Durch Abtastung einer vorgegebenen, sinusförmigen Steuerspannung mit der gewünschten Ausgangsfrequenz durch eine Dreiecks-Referenzspannung höherer Frequenz entsteht eine sinusbewertete Ausgangsspannung. Die Frequenz der Dreieckspannung bestimmt die Taktgebung der Pulsmodulation und damit die Pulsfrequenz.

Die Ströme in der induktiven Last nähern sich bei hoher Pulsfrequenz immer mehr der Sinusform an, wie schon in Kapitel 5.2 gezeigt wurde. Somit wird ein durch die Ströme erzeugtes Drehfeld in einer Drehstrommaschine sich immer mehr der Idealform eines Kreises an.

Die Steuerimpulse werden entweder analog mit IC-Bausteinen oder ASICs erzeugt oder mit Mikroprozessoren und Modulationsbausteinen berechnet, so dass das Modulationsverfahren in einem Programm - durch Software - abgebildet ist. Die berechneten Pulsmuster können auch in einem EEPROM gespeichert werden und abrufbereit vorliegen.

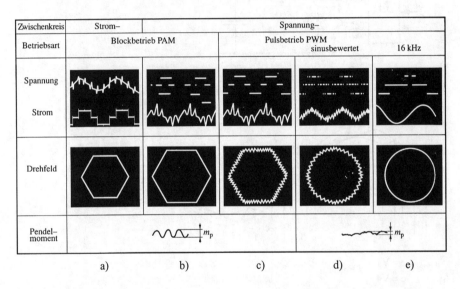

Bild 6-8 Vergleich der verschiedenen Modulationsverfahren, Oszillogramme der Spannungen und Ströme und des resultierenden Drehfeldes in einer Drehstrommaschine
  a) Blockbetrieb eines Stromzwischenkreisumrichters (I-Umrichter)
  b) Blockbetrieb eines Spannungszwischenkreisumrichters (U-Umrichter)
  c) Pulsbetrieb eines Spannungszwischenkreisumrichters (U-Umrichter)
  d) Sinusbewertete Pulsbreitenmodulation eines Spannungszwischenkreisumrichters
  e) Raumzeiger- oder Spannungszeigermodulation eines Spannungszwischenkreisumrichters

Hysteresestrompulsung

Um einen möglichst sinusförmigen Strom in der Last zu erzeugen, kann man ein Stromband vorgeben Δi und den Ist-Strom i_{ist} über einen Zweipunktstromregler in diesem Sollstromband regeln (Bild 6-9). Für eine ohmsch-induktive Last setzt sich der Strom aus Abschnitten von Exponentialfunktionen zusammen.

Die Schaltfrequenz dieser Hysteresestrompulsung ist abhängig von der Last, von der Höhe der Zwischenkreisspannung und von der Hysteresebandbreite Δi. Somit muss dieser Stromrichter immer mit der Last zusammen ausgelegt werden, um unzulässig hohe Schaltfrequenzen der Leistungsschalter zu vermeiden.

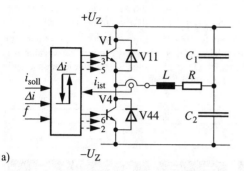

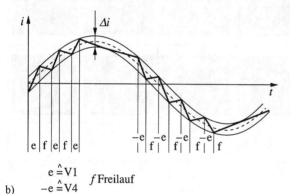

Bild 6-9 Hysteresestromregelung
    a) Prinzipbild der Regelung für einen Stromrichterzweig
    b) Stromverläufe mit Schalthinweisen

Raumzeigermodulation

Die Pulssteuerung mittels Raumzeigermodulation ermittelt die Schaltzustände für die Leistungsschalter aus der Lage eines gleichmäßig rotierenden Raumspannungszeigers.

Betrachtet man den Wechselrichter als ein Stromrichter mit drei Schaltern, die wahlweise entweder am Plus- oder am Minuspol der Zwischenkreisspannung geschaltet werden können, so existieren acht möglich Schaltzustände (Bild 6-10). Beispielhaft ist dargestellt, wie ein Span-

6.4 Umrichter mit Stromzwischenkreis (I-Umrichter)

nungszeiger der Lage zwischen $\underline{U}_1$ und $\underline{U}_2$ durch Vektoraddition erzeugt werden kann. Die abwechselnde Pulsung zwischen $\underline{U}_1$ bzw. $\underline{U}_2$ und den Nullspannungszeigern $\underline{U}_7$ und $\underline{U}_8$ führt auf die gegenüber den Maximalwerten reduzierte Zeigerlänge.

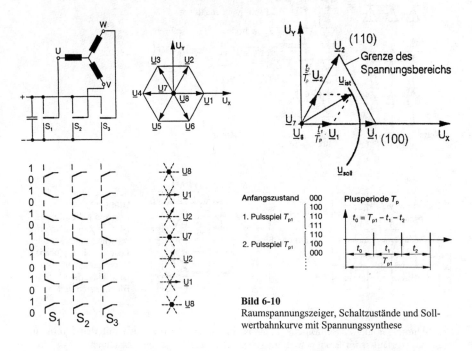

Bild 6-10
Raumspannungszeiger, Schaltzustände und Sollwertbahnkurve mit Spannungssynthese

Somit kann durch die mittlere Dauer des Verharrungszustandes in einem Schaltzustand die Höhe der Ausgangsspannung und deren Frequenz durch die Rotationsgeschwindigkeit des Spannungszeigers eingestellt werden.

6.4 Umrichter mit Stromzwischenkreis (I-Umrichter)

I-Umrichter werden zur Speisung drehzahlvariabler Antriebe mit Drehstrommaschinen ab etwa 50 kW eingesetzt. Der Aufbau ist vom Prinzip in Bild 6-1 a in Kapitel 6 dargestellt. Der Eingangsstromrichter konvertiert den dreiphasigen Wechselstrom zunächst in einen Gleichstrom, der durch eine Induktivität geglättet wird. Anschließend wird dieser Gleichstrom durch den maschinenseitigen Stromrichter auf die Maschinenstränge entsprechend der gewünschten Ausgangsfrequenz geschaltet. Die Kommutierung des Stromes auf der Maschinenseite kann entweder mit Hilfe der Maschinenspannung erfolgen (Stromrichtermotor; Kapitel 4.3.2) oder durch den Stromrichter selbst (Phasenfolgelöschung oder Verwendung von abschaltbaren Leistungshalbleitern).

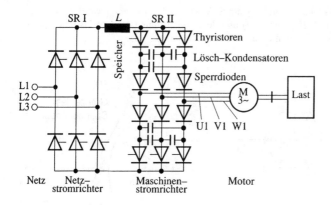

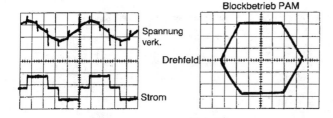

Bild 6-11
Prinzipschaltbild eines I-Umrichters mit Wechselrichter in Phasenfolge-Löschschaltung (oben); Strom-, Spannungs- und Drehfeldverlauf bei Blockbetrieb (unten)

Der I-Umrichter mit Phasenfolgelöschung ist in Bild 6-11 zusammen mit den Strom- und Spannungsverläufen im Blockbetrieb zu sehen. Der netzseitige und maschinenseitige Stromrichter sind durch die Induktivität energetisch entkoppelt. Der Umrichter wird derart gesteuert, dass der Netzstromrichter eine der Ausgangsfrequenz proportionale Spannung zur Verfügung stellt, die der Maschinenstromrichter dann wechselrichtet. Der Wechselrichter ist mit Thyristoren in Phasenfolgelöschschaltung aufgebaut. Die Dioden verhindern, dass sich die Löschkondensatoren über die Maschine entladen. Werden anstelle der Thyristoren GTO-Thyristoren eingesetzt, können die Sperrdioden und die Löschkondensatoren entfallen.

Mit der Phasenfolgelöschschaltung erhält man die in Bild 6-12 im Detail gezeigten Spannungen und Ströme mit den typischen Kommutierungsspitzen in der ansonst sinusförmigen Maschinenspannung. Da die Streuinduktivität der Maschine mit zum Löschkreis des Wechselrichters gehört, müssen Maschine und Umrichter aufeinander abgestimmt werden. Die Geschwindigkeit des Umschwingvorganges des aus Streuinduktivität und Kondensator gebildeten Resonanzkreises darf einerseits nicht zu klein sein, da die Kommutierungszeit deutlich kleiner als die Periodendauer sein muss. Andererseits erfordert eine hohe Umschwinggeschwindigkeit kleine Freiwerdezeiten der Thyristoren und es entstehen hohe Spannungen, die die Bauteile des Stromrichters und der Last beanspruchen. Der Verlauf eines Kommutierungsvorganges ist in Bild 6-13 genauer dargestellt. Aus dem Umschwingvorgang resultiert die Überspannung ΔU.

6.4 Umrichter mit Stromzwischenkreis (I-Umrichter)

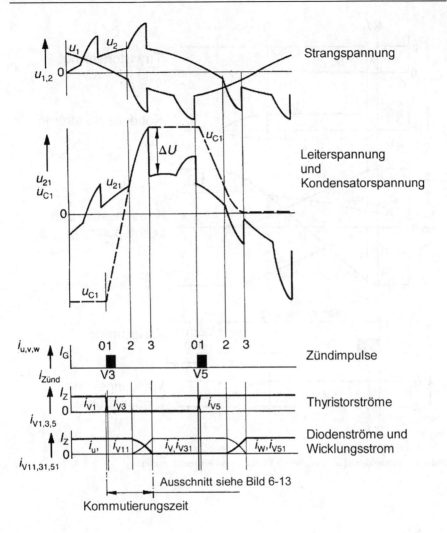

Bild 6-12 Spannungs- und Stromverläufe beim I-Umrichter mit Phasenfolgelöschung

Um den Rundlauf der Maschine bei kleiner Drehzahl zu verbessern, kann man den Strom in begrenztem Umfang pulsen. Dazu schaltet man zwischen zwei benachbarten Stromzweigen hin und her und schafft so einen gleichmäßigeren Übergang des Stromes von einem Maschinenstrang zum anderen (Bild 6-14). Wegen der benötigten Umschwingzeit der Löschschaltung sind Puls- und Betriebsfrequenzen im allgemeinen auf Werte unter 100 Hz begrenzt.

104 6 Umrichter

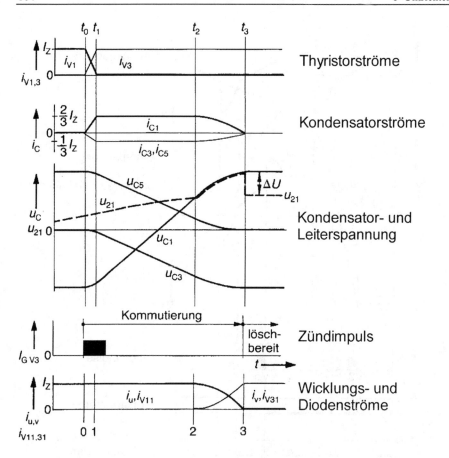

Bild 6-13 Kommutierungsvorgang beim I-Umrichter mit Phasenfolgelöschung

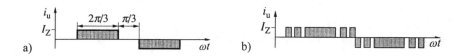

Bild 6-14 Stromverlauf beim I-Umrichter
 a) Normaler Blockbetrieb
 b) Strompulsen bei kleinen Betriebsfrequenzen zur Verbesserung des Rundlaufes (Prinzip)

6.5 Energierückspeisung

Ist eine Energierichtungsumkehr bei einer bestimmten Stromrichteranwendung zu erwarten, wie es z. B. bei elektrischen Antrieben möglich ist, so ist das Verhalten der beiden Umrichtertypen I-Umrichter und U-Umrichter höchst unterschiedlich.

6.5.1 I-Umrichter

Kehrt sich beim I-Umrichter in Bild 6-11 die Energierichtung infolge eines Abbremsvorganges oder einer treibenden Last um, so wird der maschinenseitige Stromrichter SR II in den Gleichrichterbetrieb gesteuert und der netzseitige Stromrichter SR I gibt im Wechselrichterbetrieb die Energie an das Netz ab. Die Spannung im Zwischenkreis kehrt sich dabei um, die Stromrichtung bleibt jedoch gleich. Die Energierückspeisung ist daher mit dem I-Umrichter ohne zusätzlichen Hardwareaufwand möglich. Er ist somit für 4-Quadrantenantriebe einsetzbar.

6.5.2 U-Umrichter

Wird bei einem U-Umrichter (Bild 6-5) Energie zurückgespeist, so arbeitet der Wechselrichter (SR II) als Gleichrichter und lädt den Zwischenkreiskondensator auf. Die Kondensatorspannung steigt an und muss begrenzt werden, da andernfalls die höchstzulässigen Spannungswerte der Bauteile überschritten werden und der Stromrichter somit zerstört wird. Die Energierückspeisung von der Last in den Zwischenkreis ist deshalb nur soweit möglich, solange die Zwischenkreisspannung unterhalb der höchstzulässigen Spannungswerte der Bauteile liegt.

Eine Rückspeisung in das Drehstromnetz ist mit den in Bild 6-5 gezeigten Schaltungen nicht möglich, da wegen der Diodenwirkung der Leistungshalbleiter des Eingangsstromrichters SR I sich die Stromrichtung auf der Gleichspannungsseite nicht umkehren lässt. Die Gleichspannung im Zwischenkreis kann auch nicht negativ werden, da die Dioden des Eingangsstromrichters dann leitend werden und einen Kurzschluss erzeugen.

Die Energie aus dem Zwischenkreiskondensator kann nur abgeführt werden, wenn der Kondensatorstrom negativ ist, d. h., wenn Strom aus dem Kondensator herausfließt. Demzufolge sind beim U-Umrichter zusätzliche Maßnahmen erforderlich, wenn die Rückspeisung elektrischer Energie aus der Last in das Netz gefordert wird.

In Bild 6-15 sind verschiedene Schaltungen dargestellt, die zur Spannungsbegrenzung der Zwischenkreisspannung und zur Energierückspeisung aus dem Zwischenkreiskondensator verwendet werden können. Hierbei kann die Energie entweder wieder verwendet werden, indem sie in das Drehstromnetz zurückgespeist wird, oder sie kann in einem Bremswiderstand in Verlustwärme umgesetzt werden. Die Schaltungen sind als zusätzliche Baugruppen an den Zwischenkreis des U-Umrichters anzubringen.

Auf die verschiedenen Schaltungen zur Energierückspeisung soll im folgenden genauer eingegangen werden.

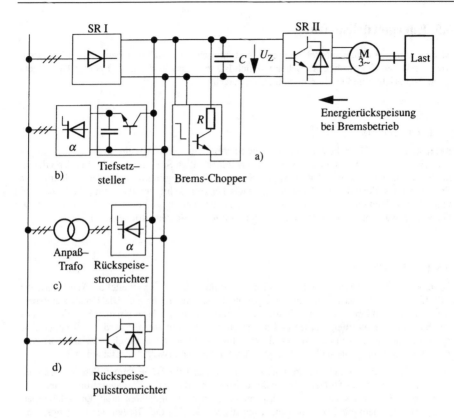

Bild 6-15 Verschiedene Schaltungen zur Energierückspeisung beim U-Umrichter
    a) Brems-Chopper
    b) Tiefsetzsteller und netzgeführter Wechselrichter (B6C)
    c) Netzgeführter Wechselrichter (B6C) mit Anpasstrafo
    d) Pulswechselrichter zur Rückspeisung

Brems-Chopper

Zur Begrenzung der Zwischenkreisspannung bei kleinen Leistungen (<50kW) und bei nur kurzzeitiger Energierückspeisung (Abbremsen eines Antriebs oder Reversiervorgang) ist es sinnvoll, die zurückgespeiste Energie in einem „Bremswiderstandes" in Wärme umzusetzen. Der Bremswiderstand wird hierzu über einen ein- und ausschaltbaren Leistungshalbleiter parallel zum Zwischenkreiskondensator zu- und abgeschaltet (Pulsbetrieb). Dies geschieht in der Regel nach der Maßgabe, dass sich die Zwischenkreisspannung während der Energierückspeisung (Generatorbetrieb) innerhalb einer bestimmten Bandbreite ($U_{Zmin} < U_Z < U_{Zmax}$) oberhalb der Spannung U_{ZMotor} (Zwischenkreisspannung bei Motorbetrieb) bewegen darf (Bild 6-16 b).

6.5 Energierückspeisung

Da beim Abbremsen eines Antriebes die Rückspeisung der kinetischen Energie der rotierenden Massen erfolgt (Generatorbetrieb) und diese Energie in vielen Anwendungen dann in einem gepulsten Bremswiderstand - wie oben beschrieben - in Wärme umgesetzt wird, heißt diese Schaltung „Brems- Chopper". Bild 6-16 zeigt die Schaltung, die Strom- und Spannungsverlauf im Zwischenkreis und den Energiefluss.

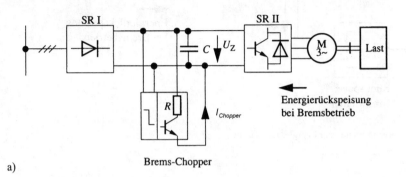

a)

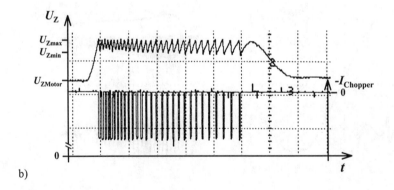

b)

Bild 6-16 U-Umrichter mit Brems-Chopper
a) Schaltung
b) Strom- und Spannungsverlauf am Zwischenkreiskondensator

Rückspeisestromrichter (netzgeführt)

Wird ein netzgeführter Wechselrichter eingesetzt, so kann Energie aus dem Zwischenkreis nur mit Hilfe eines Anpasstransformators in das Drehstromnetz zurückgespeist werden (Bild 6-15 c). Ohne Anpassung würde eine zu hohe Spannung auf der Gleichstromseite zum Kippen des Wechselrichters führen. Durch eine Spannungsanpassung kann dies vermieden werden. Hierzu kann entweder auf der Wechselstromseite die Spannung am Wechselrichter durch einen

108　　　　　　　　　　　　　　　　　　　　　　　　　　　6 Umrichter

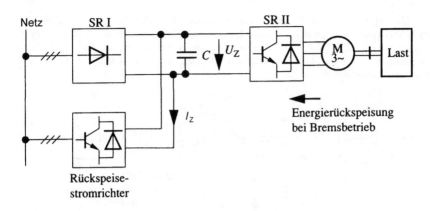

Bild 6-17 Wechselrichter zur Energierückspeisung

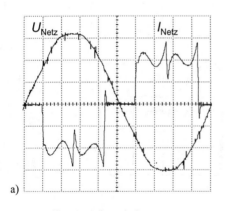

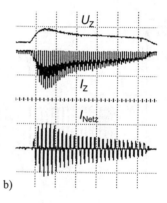

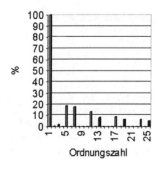

Bild 6-18
Energierückspeisung mit Blockstrom
a) Spannung- und Stromverlauf netzseitig
b) Zwischenkreisspannung U_Z, Rückspeisestrom- I_Z und Netzstromverlauf- I_{Netz}
c) Oberschwingungen des Netzstromes

6.5 Energierückspeisung

Transformator angepasst werden, so dass der Wechselrichter sicher kommutiert und das Wechselrichterkippen vermieden wird (Bild 6-15 c) oder es kann ein Tiefsetzsteller auf der Gleichstromseite des Wechselrichters eingesetzt werden, um die Spannung soweit zu reduzieren, dass die Gleichspannung und somit der Steuerwinkel α des Wechselrichters genügend klein für eine sichere Kommutierung des Wechselrichters werden (Bild 6-15 b).

Wird ein Wechselrichter mit abschaltbaren Leistungshalbleitern als Rückspeisestromrichter eingesetzt (Bild 6-17), so kann die Zwischenkreisspannung phasenrichtig an das Netz geschaltet werden. Die Netzströme sind näherungsweise blockförmig, wie in Bild 6-18 a in einer Phase dargestellt ist. Die Stromblöcke sind jeweils 120° lang und setzen sich aus zwei 60°-Strompulsen zusammen. In Bild 6-18 b sind die Verläufe von Zwischenkreisspannung, Zwischenkreisstrom (negativ, da er aus dem Zwischenkreis herausfließt) und dem netzseitigem Strom für etwa 30 Netzperioden für den Fall der Energierückspeisung dargestellt. Die Amplituden der Oberschwingungen des Netzstromes aus Bild 6-18 a sind in Bild 6-18 c für die entsprechenden Ordnungszahlen aufgeführt.

Pulsstromrichter zur Energierückspeisung

Zur Rückspeisung der Energie aus dem Gleichspannungszwischenkreis kann auch ein Pulswechselrichter verwendet werden, wie in Bild 6-19 dargestellt ist. Die Zwischenkreisspannung U_Z muss dabei größer als der Spitzenwert der Wechselspannung des Drehstromnetzes sein, wenn ein sinusförmiger Netzstrom eingeprägt werden soll. Der Netzstrom ist dann auch in der Phasenlage beeinflussbar, so dass der Leistungsfaktor geregelt werden kann. Der Rückspeisestromrichter ist für die maximal zurückzuspeisende Leistung auszulegen.

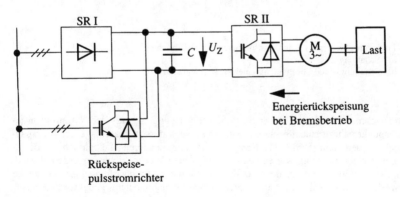

Bild 6-19 Energierückspeisung mit Pulswechselrichter

Wird der Rückspeisestromrichter so ausgelegt, dass er auch die dem Zwischenkreis zugeführte Leistung in allen Betriebspunkten über die Freilaufdioden liefern kann, so kann der Eingangsstromrichter SR1 aus Bild 6-19 entfallen. Man erhält dann den in Bild 6-20 dargestellten Pulsstromrichter, der die Energie in beide Richtungen - Einspeisung und Energierückspeisung - steuern kann. Allerdings muss die Spannung des Zwischenkreises genügend hoch ausgelegt werden, damit der Rückspeisestrom auch beim den Spitzenwerten der Netzspannung noch geregelt werden kann.

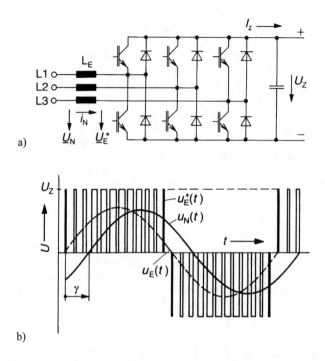

Bild 6-20 Pulswechselrichter als Eingangsstromrichter für U-Umrichter
a) Schaltung
b) Spannungs- und Stromverlauf einer Phase (idealisiert)

Ein weiterer wesentlicher Vorteil dieser Stromrichterauslegung ist, dass der Netzstrom in jedem Betriebspunkt nahezu sinusförmig eingestellt und auch dessen Phasenlage zur Netzspannung geregelt werden kann (Bild 6-21). Somit werden keine weiteren Maßnahmen zur Blindleistungskompensation benötigt, wie es beim netzgeführtem Wechselrichter erforderlich sind. Der Filteraufwand bleibt gering, da der Netzfilter nur für die relativ hochfrequenten - durch die Pulsfrequenz des Pulswechselrichters angeregten - Oberschwingungen ausgelegt werden muss.

Die Phasenlage des Netzstromes kann frei eingestellt werden und somit kann der Stromrichter den gesamten Bereich von rein induktiver Blindleistungsverbrauch ($\cos\varphi = 0$, induktiv) über reine Wirkleistungsabgabe ($\cos\varphi = 1$) und Wirkleistungsrückspeisung ($\cos\varphi = -1$) bis hin zum reinen Blindleistungslieferant ($\cos\varphi = 0$, kapazitiv) abdecken. In Bild 6-21 a sind die Zeigerdiagramme für reine Wirkleistungsaufnahme und -abgabe und in Bild 6-21 b die Strom- und Spannungsverläufe für die verschiedenen Betriebsfälle dargestellt.

6.5 Energierückspeisung

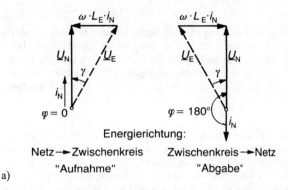

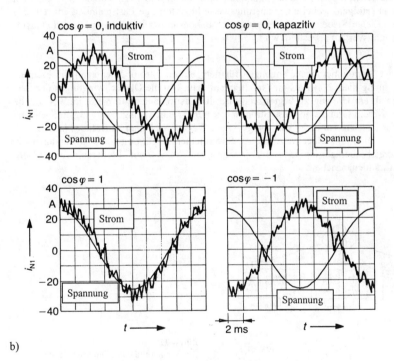

Bild 6-21 Spannung und Strom auf der Netzseite des Pulswechselrichters
    a) Zeigerdiagramme für Energieaufnahme und -abgabe
    b) Verläufe von Netzstrom- und Spannung für verschiedene Energierichtungen und $\cos\varphi$

6.6 Direktumrichter

Der Direktumrichter besteht aus mehreren netzgeführten Stromrichtern. Je Phase wird ein kompletter Umkehrstromrichter, bestehend aus zwei antiparallel geschalteten B6C-Schaltungen, benötigt. Bild 6-22 zeigt das Blockschaltbild eines Direktumrichters. Der Direktumrichter enthält keine nennenswerten Energiespeicher und koppelt daher die Last direkt mit dem Netz („harte" Netzankopplung). Die Spannung an der Last setzt sich dabei aus Abschnitten der Netzspannung zusammen.

Bild 6-23 a) zeigt den Stromrichteraufbau einer Phase. In den Bildern 6-23 b) und c) sind die Strom- und Spannungsverläufe von zwei unterschiedlichen Steuerverfahren für Direktumrichter zu sehen. Die gesteuerten Drehstrombrückenschaltungen (B6C-Schaltungen) des Direktumrichters werden dabei abwechselnd im Gleichrichter- und im Wechselrichterbetrieb gesteuert um eine Wechselstromperiode zu durchfahren. Dies kann entweder mit Vollaussteuerung (Trapezumrichter) erfolgen, wobei eine näherungsweise blockförmige Lastspannung entsteht oder mit kontinuierlicher Steuerung (Steuerumrichter), bei der in der Regel ein möglichst sinusförmiger Spannungsverlauf angestrebt wird.

Aufgrund der Kommutierungsbedingungen für netzgeführte Stromrichter kann die Frequenz der Lastspannung nicht höher als die Netzfrequenz sein. Um die Oberschwingungen der Lastspannung in ihrem Umfang zu begrenzen, wird die Lastfrequenz auf Werte um $0{,}4 \cdot f_{Netz}$ begrenzt. Aus diesem Grund sind diese Stromrichter nur für eine geringe Ausgangsfrequenz und somit nur für langsam laufende Antriebe geeignet. Wegen des hohen Aufwandes (3 x 12 = 36 Thyristoren je Direktumrichter) werden diese Stromrichter nur für besondere Anwendungen im Leistungsbereich oberhalb einiger 100 kW eingesetzt (Walzantriebe, Förderantriebe im Bergbau, Zementmühlenantriebe).

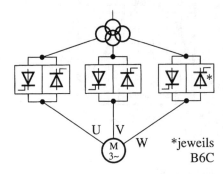

Bild 6-22
Blockschaltbild eines Direktumrichters;
je Phase ein Umkehrstromrichter

6.6 Direktumrichter

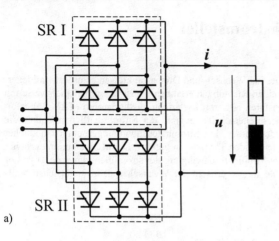

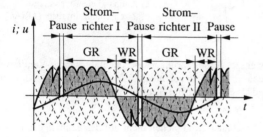

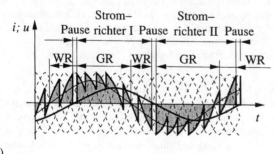

Bild 6-23 Direktumrichter
    a) Blockschaltbild einer Phase (Umkehrstromrichter)
    b) Trapezumrichter (Blocksteuerung)
    c) Steuerumrichter (kontinuierliche Steuerung)

7 Wechsel- und Drehstromsteller

Die wechselnde Polarität des Stromes bei Wechsel- und Drehstromkreisen erfordert Halbleiterschalter, die die Stromführung in beiden Richtungen erlauben. Dieses kann beispielsweise mit zwei antiparallel geschalteten Thyristoren oder mit Zweirichtungsthyristoren (TRIACs) erfolgen (Bild 7-1). In einem solchen Halbleiterschalter beginnt der Strom zu fließen, sobald die Thyristoren oder das TRIAC gezündet werden. Die Stromhalbschwingungen unterschiedlicher Polarität werden abwechselnd von den beiden Thyristoren geführt. Damit eine kontinuierlicher Wechselstrom fließt, wird nach jeder Stromhalbschwingung der stromübernehmende Thyristor neu gezündet. Bleibt der Zündimpuls aus, so erlischt der Wechselstrom im natürlichen Nulldurchgang.

Bild 7-1
Halbleiterschalter für Wechsel- und Drehstrom
a) Antiparallele Thyristoren
b) Zweirichtungsthyristor (TRIAC)

Kommutierungsvorgänge mit gleichzeitiger Stromführung zweier sich ablösender Ventilzweige, wie bei netzgeführten Stromrichtern, treten dabei nicht auf. Die Wechsel- und Drehstromsteller werden aus diesem Grund als ein besonderer Stromrichtertyp behandelt.

Die in Bild 7-1 angegebenen Halbleiterschalter ermöglichen nicht nur das einmalige Ein- und Ausschalten von Wechsel- oder Drehstrom, sondern auch ein in jeder Halbschwingung wiederholtes Einschalten. Der Strom fließt dann vom Zündzeitpunkt bis zu seinem natürlichen Nulldurchgang in jeder Halbschwingung. Mit diesem Verfahren lässt sich die Leistungsaufnahme von ein- und mehrphasigem Wechselstromlasten kontaktlos steuern. Somit lassen sich Halbleiterschalter für zwei Stromrichtungen zum Schalten von Wechsel- und Drehstromkreisen verwenden. Bei voller Aussteuerung erreicht man den eingeschalteten Zustand. Durch Ausbleiben der Zündimpulse wird der Strom bei seinem natürlichen Nulldurchgang verlöschen und somit den Stromkreis - im Vergleich zu mechanischen Schaltern ohne Lichtbogen - ausschalten.

Durch einen gegenüber dem Spannungsnulldurchgang verzögerten Zündzeitpunkt läßt sich die Leistungsaufnahme von ein- und mehrphasigen Wechselstromkreisen stetig verändern. Mit dieser sogenannten Phasenanschnittssteuerung mit dem Zündverzögerungswinkel α (auch Steuerwinkel α genannt) kann man die Spannung und somit die Leistungsaufnahme kontinuierlich verändern oder „verstellen". Man nennt daher die für diese Zwecke eingesetzten Stromrichter mit Wechselwegpaaren Wechselstrom- und Drehstromsteller. Werden diese Stromrichter ausschließlich zum Ein- und Ausschalten verwendet, so werden diese Wechselwegschaltungen genannt.

7.1 Wechselstromsteller

Die Grundschaltung eines Wechselstromstellers W1 zeigt Bild 7-2 a mit einer ohmschen-induktiven Last (Scheinwiderstand Z). Die periodischen Zündzeitpunkte der beiden antiparallelen Thyristoren sind um den Steuerwinkel α gegenüber dem Nulldurchgang der Wechselspannung u_N verzögert. Die Strom- und Spannungsverläufe sind in Bild 7-2 b dargestellt.

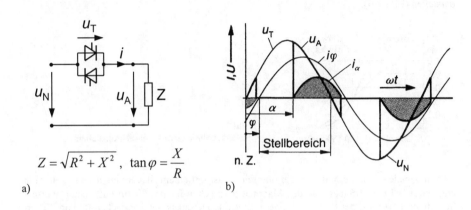

$$Z = \sqrt{R^2 + X^2}, \quad \tan\varphi = \frac{X}{R}$$

a) b)

Bild 7-2 Schaltung eines Wechselstromstellers mit ohmsch-induktiver Last (Scheinwiderstand Z)
a) Schaltbild
b) Strom- und Spannungsverläufe

Die Verbraucherspannung u_A am Ausgang des Wechselstromstellers besteht im gesamten Steuerbereich nur aus symmetrischen Ausschnitten der sinusförmigen Netzspannung u_N. Der Stromverlauf hängt von der Art der Last ab:

- Bei rein ohmscher Last beginnt der Strom verzögert mit dem Steuerwinkel α zu fließen und erlischt mit dem Nulldurchgang der Spannung. Der Verlauf des Stromes entspricht qualitativ dem Verlauf der Verbraucherspannung u_A.

- Bei rein induktiver Last wird der Strom um 90° nacheilen, so dass die während der leitenden Phase an dem Verbraucher auftretende negative und positive Spannungszeitfläche gleich groß sind. Man erhält reinen Blindstrom.

- Für ohmsch-induktive Verbraucher liegt der Stromverlauf zwischen den zuvor aufgezeigten Grenzfällen. Der Strom fließt jeweils vom Zündzeitpunkt bis zum natürlichen Nulldurchgang des Stromes. Er berechnet sich allgemein zu:

$$i = \frac{\sqrt{2}U}{\sqrt{R^2 + (\omega L)^2}} (\sin(\omega t - \varphi)) - \sin(\alpha - \varphi) e^{-\frac{R}{\omega L}(\omega t - \varphi)} \qquad (7.1)$$

Der Stromverlauf ist nicht sinusförmig (Bild 7-2 b). Er setzt sich aus einer Sinusschwingung mit abklingendem Gleichstromanteil zusammen (Schaltvorgang mit der Zeitkonstanten $T=L/R$).

Als Steuerkennlinie des Wechselstromstellers läßt sich der Effektivwert des Laststromes $I_{\text{eff}\alpha}$ bezogen auf den Effektivwert des maximalen Stromes $I_{\text{eff}0}$ bei einem Steuerwinkel von $\alpha=0$ darstellen (Bild 7-3).

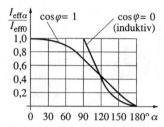

Bild 7-3
Steuerkennlinie eines Wechselstromstellers

Den maximalen Strom erhält man bei ohmscher Last mit einem Steuerwinkel von $\alpha=0°$. Für eine induktive Last erreicht man den Maximalstrom schon für $\alpha=90°$. Im Falle einer ohmsch-induktiven Last wird der Strom bei einem Zündverzögerungswinkel zwischen 0° und 90° erreicht. Die Steuerkennlinie ist somit abhängig von der Art des Verbrauchers.

7.2 Drehstromsteller

Für das Stellen von Drehstrom mit Halbleiterschaltern gelten ähnliche Bedingungen wie für den einphasigen Wechselstromsteller. Die Grundschaltung eines dreiphasigen Drehstromstellers (W3) ist in Bild 7-4 a dargestellt.

Die Verbraucherspannung entsteht aus den drei phasenverschobenen Ausschnitten der Netzspannung. Der Steuerwinkel entspricht wiederum dem Winkel zwischen dem Nulldurchgang der Netzspannung und dem Zündimpuls für den jeweiligen Thyristor.

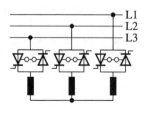

a)

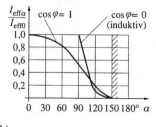

b)

Bild 7-4 Drehstromsteller   a) Schaltung (W3)   b) Steuerkennlinie

7.3 Steuerblindleistung

Wegen der Verkettung der drei Stränge sind die Strom- und Spannungsverhältnisse jedoch nicht mehr so übersichtlich wie bei einphasigem Wechselstrom, wodurch sich auch andere Steuereigenschaften ergeben. Die Steuerkennlinie des Drehstromstellers zeigt Bild 7-4 b. Der Effektivwert des Laststromes $I_{\text{eff}\alpha}$ wird dabei auf den maximal möglichen Effektivwert $I_{\text{eff}0}$ bei $\alpha=0°$ bezogen.

Durch Verstellung des Steuerwinkels α von 0° bis 150° bei ohmscher Last und von 90° bis 150° bei induktiver Last kann die Leistungsaufnahme eines symmetrischen dreiphasigen Verbrauchers kontinuierlich zwischen dem Maximalwert und Null gesteuert werden.

7.3 Steuerblindleistung

Sowohl bei Wechselstrom- als auch bei Drehstromstellern treten bei Phasenanschnittssteuerung nichtsinusförmige Ströme in der Last und damit auch im Drehstromnetz auf. Es treten neben der Grundschwingung eine Reihe von Oberschwingungen höherer Ordnungszahl auf, deren Frequenz ein ganzzahliges Vielfaches der Grundfrequenz ist.

Durch die Anschnittssteuerung eilt die Grundschwingung des Stromes i_1 bei ohmscher Last gegenüber der Wechselspannung des Netzes u nach (Bild 7-5). Dadurch tritt auch bei rein ohmscher Last im Wechselstromnetz durch die Phasenanschnittssteuerung mit dem Winkel α eines induktive Grundschwingungsblindleistung Q_1 auf!

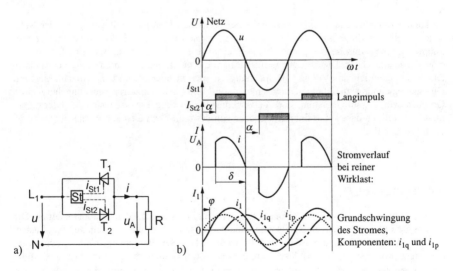

Bild 7-5 Aufteilung des Stellerstromes in Wirk- und Blindkomponente des Grundschwingungsstromes
  a) Schaltung
  b) Strom- und Spannungsverläufe

Die Grundschwingung i_1 lässt sich in eine Wirk- und eine Blindkomponente zerlegen. Der Scheitelwert der Wirkkomponente des Grundschwingungsstromes i_{1p} ergibt sich zu

$$\hat{i}_{1p} = \frac{\hat{i}}{\pi}(\pi - \alpha + \sin\alpha \cdot \cos\alpha), \tag{7.2}$$

der Scheitelwert der Blindkomponente i_{1q} beträgt

$$\hat{i}_{1q} = -\frac{\hat{i}}{\pi}\sin^2\alpha. \tag{7.3}$$

Aus den Komponenten erhält man die Phasenverschiebung φ_1 der Grundschwingung zu

$$\varphi_1 = \arctan\frac{\sin^2\alpha}{(\pi - \alpha + \sin\alpha \cdot \cos\alpha)}. \tag{7.4}$$

Die Wirkleistung ergibt sich zu

$$P = UI_1 \cos\varphi_1, \tag{7.5}$$

die Blindleistung zu

$$Q = UI \sin\varphi_1 \tag{7.6}$$

und die Verzerrungsblindleistung D zu

$$D = U\sqrt{\sum_\nu I_\nu^2}. \tag{7.7}$$

Es könnte zunächst überraschen, dass bei einer ohmschen Last R Blindleistung auf der Netzseite auftritt, da diese mit Leistungspulsationen zwischen Last und Wechselstromnetz verknüpft ist, eine ohmsche Last jedoch keine Energie zu speichern vermag wie eine Induktivität oder ein Kondensator. Die Ursache dafür ist, dass die nichtlineare Charakteristik der Halbleiterschalter, nämlich das Vermögen, Spannung zu sperren oder Strom bei vernachlässigbarer Durchlassspannung zu führen, Grundschwingungsblind- und Verzerrungsleistung hervorruft. Grundschwingungsblindleistung und Verzerrungsblindleistung ergänzen sich in jedem Zeitpunkt zu Null, so dass keine Energie zur oder von der ohmschen Last zur Wechselspannungsquelle zurück fließt.

7.4 Steuerung

Für den Betrieb von Wechsel- und Drehstromstellern gibt es verschiedene Steuerverfahren. Die Leistungshalbleiter können einerseits zum nicht periodischen Ein- und Ausschalten von Lasten, dem sogenannten „Schalterbetrieb", genutzt werden. Das Schalten erfolgt dann synchron mit dem Netz, wobei sie in jeder Halbschwingung der Netzspannung neu gezündet werden. Andererseits können sie durch Phasenanschnittssteuerung mit dem Steuerwinkel α zur Steuerung des Leistungsflusses verwendet werden. Die Leistung kann so kontinuierlich zwischen Null und dem Maximalwert geregelt werden (Bild 7-6).

7.4 Steuerung

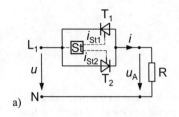

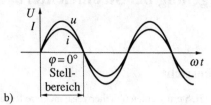

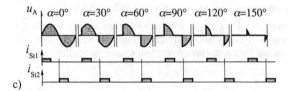

Bild 7-6
Steller als verschleißfreie elektronische Schalter
a) Schaltung
b) Strom- und Spannungsverläufe
c) Phasenanschnittssteuerung für verschiedene Steuerwinkel α

Ein anderes Verfahren sieht zur Steuerung des Leistungsflusses das Ausblenden von Schwingungspaketen vor (Bild 7-7). Dies kann synchron oder asynchron mit der Netzfrequenz f erfolgen. Die Schwingungspaketsteuerung (Vielperiodensteuerung) erzeugt, bezogen auf die Netzfrequenz f, Unterschwingungen im Netz- und Laststrom. Dies kann zu unangenehmen Flickererscheinungen führen, da der Schwerpunkt des Frequenzspektrums im Vergleich zu Phasenanschnittssteuerung in den Bereich tieferer Frequenzen verschoben ist.

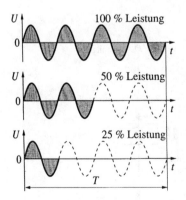

Bild 7-7 Schwingungspaketsteuerung

8 Regelung bei Stromrichtern

8.1 Übersicht

Bei Stromrichtern werden üblicherweise mehrere Regelkreise überlagert. Grundsätzlich ist dem Leistungsteil ein Stromregler vorgeschaltet, der auch die Strombegrenzung und damit auch den Schutz gegen Überstrom übernimmt. Diesem Stromregler sind bei elektrischen Antrieben Drehzahl- und gegebenenfalls Positionsregler, Temperatur- oder Durchflussregler überlagert. Wegen der Vielzahl der Möglichkeiten werden sich die folgenden Betrachtungen auf die Regelung von netzgeführten Stromrichtern mit Gleichstrommaschinen und auf die Regelung der Stromrichter von Drehstromantrieben mit Synchron- und Asynchronmaschine beschränken.

8.2 Gleichstromantriebe

Die meisten Gleichstromantriebe sind mit einem netzgeführten Stromrichter mit Glättungsdrossel und einer Maschine mit Tachogenerator (Drehzahlgeber) ausgeführt (Bild 8-1). Gleichstromantriebe mit hohen dynamischen Anforderungen (Servoantriebe) und kleiner Leistung (<10 kW) verwenden einen Gleichstromsteller, der seine Gleichspannung aus einem netzgeführten Stromrichter (B2 oder B6) bezieht. Das Regelungsprinzip ist in Bild 8-2 dargestellt.

Die Gleichstromantriebe hatten als erste stromrichtergespeiste Antriebe eine analoge Regelung. Diese Regelung wird mit Operationsverstärkern realisiert, wobei die Reglerparameter und Begrenzungen über Potentiometer einzustellen sind. Bei Analogreglern stellt man erst den unterlagerten Stromregler (meist PI-Regler) und dann den Drehzahlregler (meist PI- oder PID-Regler) ein.

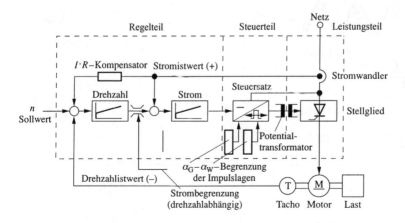

Bild 8-1 Blockschaltbild der analogen Regelung eines Gleichstromantriebs mit netzgeführten Stromrichter

8.2 Gleichstromantriebe

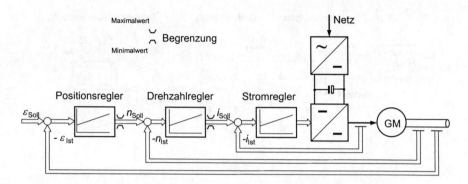

Bild 8-2 Prinzip der Kaskadenregelung für einen Gleichstromantrieb für Servoanwendungen

Heutzutage sind Stromrichter in der Regel mit einer digitalen Mikroprozessorregelung ausgestattet. Diese hat den Vorzug, dass keine temperaturbedingten Drifterscheinungen auftreten wie bei analogen Regelungen und dass die Einstellung von Parametern für Regelung, Begrenzungen, Anpassungen und Verknüpfungen in einer großen Vielzahl möglich sind. Die Anzahl der einzustellenden Parameter übersteigt nicht selten die Zahl 1000. Dabei ist es fast unmöglich alle Parameter einzeln einzustellen. Somit haben diese Regelungen ein automatisches Regleradaptionsprogramm für die Inbetriebnahme. In einem Testlauf werden die Einstellungen von Strom- und Drehzahlregler überprüft und gegebenenfalls verändert, um so die optimale Reglereinstellung zu erhalten. Bei Bedarf können die Parameter auch vom Betreiber geändert werden.

Die Reglung der Drehzahl kann mit Hilfe eines Tachogenerators erfolgen, der eine drehzahlproportionale Spannung liefert. Diese wird als Drehzahlistwert verwendet. Die Drehzahl kann aber auch ohne Drehzahlgeber unabhängig von der Last nahezu konstant gehalten werden, wenn man eine Ankerspannungsregelung mit IR-Kompensation verwendet. Man spart den Drehzahlgeber und kann durch Vorgabe der kompensierten Ankerspannung die Drehzahl lastunabhängig einstellen.

Bei netzgeführten Stromrichtern sind besondere Maßnahmen für den Fall des Stromlückens (siehe Kapitel 4) zu treffen. Hier helfen bei Analoggeräten zusätzliche Adapterkarten. Bei Digitalgeräten ist die Anpassung über Software oder eine automatische Erfassung der Parameter für das Lücken möglich. In Bild 8-3 ist die Regelung bei digitalen Stromrichtern im Schema gezeigt. Das Bild gibt auch Einblick in die Einstellmöglichkeiten der Stromregelparameter und deren Bereiche.

122   8 Regelung bei Stromrichtern

a)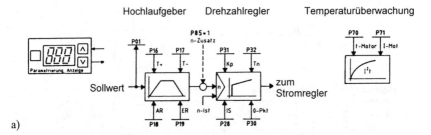

b)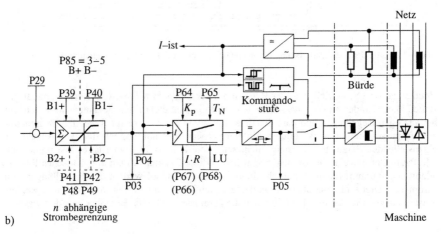

Parameter Nr.	Urladewert	Wertebereich	Funktion
P64	0,16	0,05…5	Stromregler: P-Verstärkung. Es ist möglich die P-Verstärkung auf 0 zu stellen (ergibt I-Regler)
P65	25	0,5…50 ms	Stromregler: Nachstellzeit T_N. Es ist möglich, die Nachstellzeit auf 0 zu stellen (ergibt P-Regler)
P66	10	0…255	Vorsteuerung: R-Anteil im Lücken
P67	30	0…255	Vorsteuerung: R-Anteil im Nichtlücken
P68	20	0…100 % von I_{Bem} des Gerates	Lückgrenze des Ankerstromes

c)

Bild 8-3
Regelung bei digitalen Stromrichtern der Antriebstechnik (SIEMENS)
a) Blockschaltbild Hochlaufgeber, Drehzahlregler und Temperaturüberwachung
b) Stromregler eines digitalen Stromrichters
c) Auszug aus einer Parametertabelle eines Stromreglers mit Urladewerten, Einstellbereichen und Funktionshinweisen

8.3 Drehstromantriebe mit Umrichtern

Auch bei Umrichtern für Drehstromantriebe sind die Leistungsteile durch Stromregler mit entsprechenden Begrenzungen geschützt. Zusätzlich wird aber auch die Zwischenkreisspannung überwacht, um im Falle von Überspannung - z. B. in Folge von Energierückspeisung - abzuschalten. Bei Überlastung eines Synchron- oder Asynchronantriebs kann durch Absenken der Umrichterausgangsfrequenz die Drehzahl und somit die Belastung gesenkt werden. Bei Asynchronantrieben besteht die Möglichkeit auch ohne Tachogenerator mit Hilfe von Schlupfkompensation die Drehzahl unabhängig von der Belastung nahezu konstant zu halten (Bild 8-4). Dabei wird die Frequenz lastabhängig angehoben.

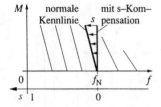

Bild 8-4
Schlupfkompensation bei Belastung

Die Spannungs/Frequenzkennlinie (U/f-Kennlinie) des Umrichters lässt sich an die Erfordernisse des Antriebs anpassen (Skalarregelung). So sind Eckfrequenz, maximale Frequenz, minimale Frequenz und die zugehörige Spannung einstellbar.

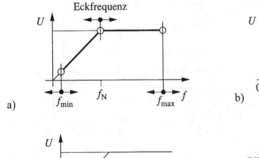
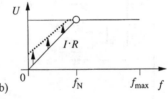
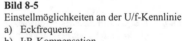

Bild 8-5
Einstellmöglichkeiten an der U/f-Kennlinie
a) Eckfrequenz
b) I·R-Kompensation
c) Boost im Bereich kleiner Frequenz

Für den Ausgleich der Spannungsabfälle in der Maschine, die in Folge der ohmschen Widerstandsanteile entstehen, wird eine I·R-Kompensation vorgenommen, die für verschiedene Maschinen einstellbar ist. Um beim (Schwer-) Anlauf genügend Drehmoment von der Drehstrommaschine zu erhalten, kann bei kleinen Frequenzen der Anlaufstrom und somit auch das Drehmoment mittels einer Spannungsanhebung erhöht werden (Boost). Die aufgeführten Möglichkeiten mit den Auswirkungen auf die Spannungs/Frequenzkennlinie (U/f-Kennlinie) sind in Bild 8-5 dargestellt.

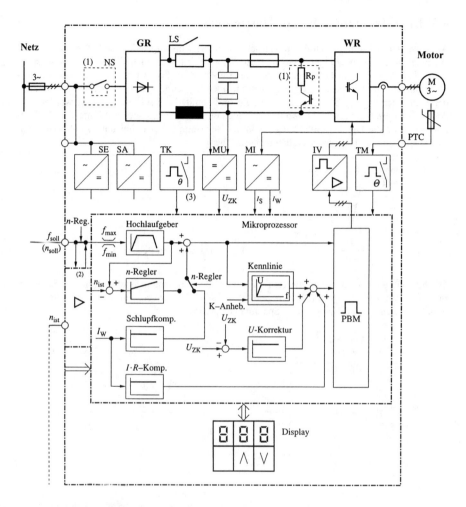

Bild 8-6 Blockschaltbild eines Frequenzumrichters mit Skalarregelung und Regelstruktogrammen
(1) Netzschütz nur bei Geräten mit Pulswiderstand
(2) Eingangskoppelgruppe (Option)
(3) Temperaturüberwachung Kühlkörper (ab 33 kVA ohne PW, ab 6,6 kVA mit PW)

GR	Netz-Gleichrichter	TK	Temperaturüberwachung Kühlkörper
WR	Maschinen-Wechselrichter	MU	Messumformer Spannung
NS	Netzschütz	MI	Messumformer Strom
LS	Ladeschütz	IV	Impulsverstärkung
SE	Stromversorgung Elektronik	TM	Temperaturüberwachung Motor
SA	Stromversorgung Ansteuerung	PBM	Pulsbreitenmodulation
Rp	Pulswiderstand (Brems-Chopper)		

8.3 Drehstromantriebe mit Umrichtern

Bild 8-6 zeigt das Blockschaltbild eines U-Umrichters mit Regelstrukturen bei U/f-Kennliniensteuerung.

Bei Antrieben für hochwertige dynamische Anforderungen reicht die Dynamik mit der U/f-Kennliniensteuerung nicht aus. Die feldorientierte Regelung (Vector Control), direkte Selbstregelung (DSR) oder die direkte digitale Momentregelung tritt an die Stelle einer reinen Kennliniensteuerung für die Spannung. Der Grundgedanke dabei ist die Aufspaltung der durch Sensoren erfassten Statorströme in eine flussbildende und eine drehmomentbildende Komponente und deren getrennte Regelung. Dies ist mit Hilfe von entsprechenden ASIC-Schaltungen und mit speziellen Maschinenmodellen möglich. Digitale Signalprozessoren (DSP) versorgen die Ansteuerung der Leistungsstufe mit hoher Geschwindigkeit mit dem optimalen Schaltmuster. Die Maschine wird dann immer so magnetisiert und bestromt, dass das gewünschte Drehmoment erreicht wird. Eine so geregelte Maschine hat die gleichen dynamischen Qualitäten wie eine Gleichstrommaschine. Man erhält eine fluss- oder feldorientierte Regelung (Vektorregelung), da die Regelung im mit dem Feld umlaufenden Koordinatensystem durchgeführt wird. Sowohl bei U- als auch bei I-Umrichtern ist diese Regelung möglich.

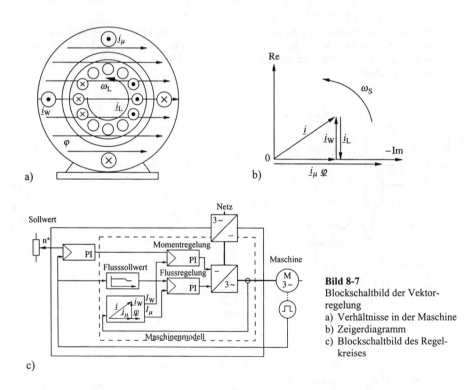

Bild 8-7
Blockschaltbild der Vektorregelung
a) Verhältnisse in der Maschine
b) Zeigerdiagramm
c) Blockschaltbild des Regelkreises

Bild 8-7 zeigt die Struktur für die flussorientierte Regelung. Bei den meisten Umrichtern optimieren sich die Regler im Testlauf selbst (Autotuning). Bild 8-8 zeigt das Oszillogramm eines

Testlaufes, zunächst für Drehmoment- und dann für Drehzahlregler. Momentanregelzeiten von unter 5 ms sind erreichbar. Hierbei werden Inkrementale Drehzahlgeber bevorzugt eingesetzt, da sich die Regeleigenschaften wesentlich verbessern.

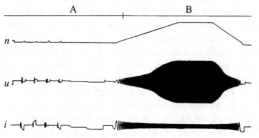

Strom 10A/Div; Spannung 200V/Div, Drehzahl 500 min⁻¹/Div

Bild 8-8
Zeitlicherer Verlauf beim selbsteinstellenden Regler
Phase A: Parametrierung des Drehmomentreglers
Phase B: Parametrierung des Drehzahlreglers

Die Wirkung der feldorientierten Regelung bei einem Hochlaufversuch zeigt Bild 8-9. Die drehmomentbildende Stromkomponente und das an der Welle gemessene Drehmoment stimmen vom zeitlichen Verlauf her gut überein. In der Hochlaufphase ist die flussbildende Stromkomponente konstant.

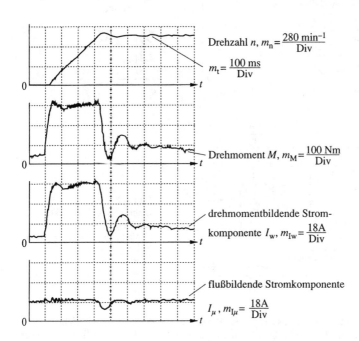

Drehzahl n, $m_n = \dfrac{280 \text{ min}^{-1}}{\text{Div}}$

$m_t = \dfrac{100 \text{ ms}}{\text{Div}}$

Drehmoment M, $m_M = \dfrac{100 \text{ Nm}}{\text{Div}}$

drehmomentbildende Stromkomponente I_w, $m_{Iw} = \dfrac{18\text{A}}{\text{Div}}$

flußbildende Stromkomponente I_μ, $m_{I\mu} = \dfrac{18\text{A}}{\text{Div}}$

Bild 8-9
Oszillogramm eines Hochlaufs und der interessanten Größen

8.3 Drehstromantriebe mit Umrichtern

In Bild 8-10 sind die Drehzahl-Drehmomentkennlinien von Umrichterantrieben mit feldorientierter Regelung dargestellt. Antrieb 1 arbeitet mit inkrementalem Drehzahlgeber und erzielt so eine sehr gute Drehzahlkonstanz im unteren Drehzahlbereich (Verfahren mit eingeprägtem Ständerstrom, VECTRON). Antrieb 2 (Verfahren mit eingeprägter Ständerspannung) arbeitet sehr gut bei höheren Drehzahlen und ist einfacher zu installieren, da kein Drehzahlgeber benötigt wird (Mitsubishi).

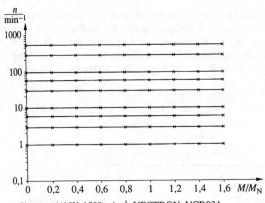

a) Siemens 11kW, 1500 min^{-1}, VECTRON, VCR034, feldorientiert

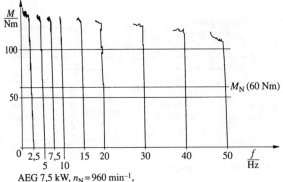

b) AEG 7,5 kW, n_N = 960 min^{-1}, Mitsubishi A200, 21A feldorientiert

Bild 8-10
Drehmomentverhalten verschiedener Antriebe mit feldorientierter Regelung
a) Antrieb mit Inkrementalgeber (VECTRON)
b) Antrieb ohne Inkrementalgeber (Mitsubishi)

9 Einsatz in der Energieanwendung

9.1 Allgemeines zum Einsatz in der Energieanwendung

In der Energie-Anwendung werden Stromrichter hauptsächlich in der Antriebstechnik eingesetzt. Die Bilder 9-1 und 2 zeigen die möglichen Stellprinzipien, die mit Stromrichtern realisiert werden können. Andere Gebiete sind die Gleichstromversorgung in der Galvanik, beim Batterieladen oder in „Netzgeräten" für Schaltungen. Weitere Einsatzfelder sind die Temperaturregelung in der Heizungs- und Klimatechnik, in der industriellen Wärmebehandlung und in der Schweißtechnik.

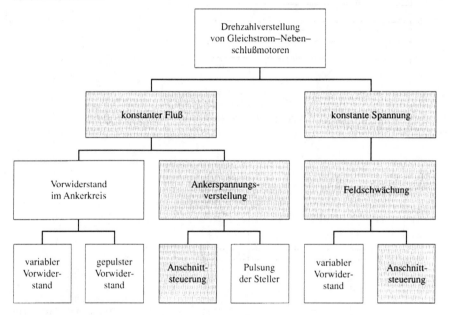

Bild 9-1 Drehzahlstellmöglichkeiten bei der Gleichstrommaschine

9.1.1 Stromrichterantriebe

In der Antriebstechnik gibt es ein weites Feld der Einsatzfälle von kleinsten Leistungen in Uhrantrieben bis zu den Großantrieben der Schwerindustrie. Jede Aufzählung muss unvollständig sein. Anwendungsfälle sind drehzahlgeregelte Antriebe verschiedener Techniken bei

- Walzenstraßen
- Traktion

9.1 Allgemeines zum Einsatz in der Energieanwendung

- Werkzeugmaschinen
- Verarbeitungsmaschinen
- Handhabungsmaschinen/Robotern
- Förderanlagen
- Pumpen, Kompressoren, Ventilatoren
- Werkzeugen
- Büromaschinen
- Hausgeräte/Spielzeuge
- Uhren

Dabei kommen Antriebe in Gleichstrom- oder Drehstromtechnik zum Einsatz.

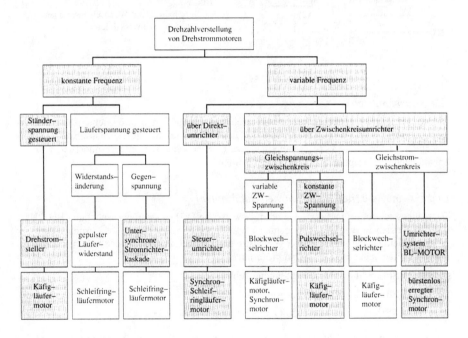

Bild 9-2 Drehzahlstellmöglichkeiten bei der Asynchronmaschine

9.1.2 Stromrichterantriebe mit Stromwendermaschinen

Bei den Stromwendermaschinen sind Wechselstrom- und Gleichstrommaschinen zu unterscheiden. Besonders bei Heimwerker- und tragbaren Bearbeitungsmaschinen werden Wechselstromreihenschlussmotoren eingesetzt. Bei Leistungen bis in den MW-Bereich sind es dann Gleichstrommaschinen, die den Antrieb übernehmen.

Wechselstromsteller-Antriebe

Bei Leistungen bis etwa 2 kW kommen Wechselstromreihenschlussmotoren (Universalmotoren) mit Wechselstromstellern zum Einsatz. Über die Phasenanschnittsteuerung lässt sich die Drehzahl stellen. Bild 9-3 zeigt eine einfache Stellerschaltung mit Wechselstromreihenschlussmaschine. Die Steuerung kann auch von komplexen Schaltungen mit IC-Bausteinen und Mirkoprozessoren übernommen werden.

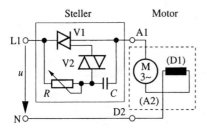

Bild 9-3
Stellerschaltung mit Wechselstromreihenschlussmotor (Universalmotor)

Gleichstromantriebe

Bei den Gleichstromantrieben lassen sich solche mit netzgeführten Stromrichtern und Stellerantriebe unterscheiden. Antriebsbeispiele für Gleichstromantriebe mit Gleichstromstellern wird in Kapitel 5.1 für 1- und 4-Quadrantbetrieb gezeigt. Hier sollen spezielle Besonderheiten dieser Schaltungen im Zusammenhang dargestellt werden.

Umkehr-Antriebe (Betrieb in den vier Quadranten)

Der vollgesteuerte Stromrichter, wie beispielsweise die Drehstrombrückenschaltung B6C, lässt nur den Betrieb in den zwei Quadranten I und IV zu. Eine Änderung der Stromrichtung ist nicht möglich. Da der Drehwille der Gleichstrommaschine durch Feld- oder Ankerumschaltung gekehrt werden kann, ergeben sich drei Varianten:

- Ein-Stromrichter-Betrieb mit Feldumkehr
- Ein-Stromrichter-Betrieb mit Ankerumkehr und
- Zwei-Stromrichter-Betrieb mit antiparallelem Stromrichter.

Bild 9-4 zeigt die Prinzipschaltbilder und die Betriebs-Quadranten. Der Unterschied liegt in der Dynamik und im Preis, wobei diese Eigenschaften gegenläufig verlaufen.

Wegen der großen Induktivität der Feldwicklung dauert die Umschaltung des Feldstromes länger als die des Ankerstromes. Außerdem ist ohne Feldstrom keine Drehmomentabgabe des Antriebs möglich (drehmomentfreie Phase).

Werden zwei antiparallele Drehstrombrückenschaltungen (B6C) A (B6C) verwendet, so besteht die Möglichkeit, nur den Impulssteuersatz der antiparallelen Stromrichter SRI und SRII umzuschalten oder andererseits – bei zwei vollwertigen antiparallelen Drehstrombrückenschaltungen – den Stromrichter SRI aus- und den Stromrichter SRII einzuschalten. Dabei muss

9.1 Allgemeines zum Einsatz in der Energieanwendung

jedoch berücksichtigt werden, dass der Strom im Stromrichter SRI erloschen sein muss, bevor SRII zündet, da andernfalls ein hoher Kreisstrom fließen würde, der dem Kurzschlussstrom entspricht. Durch die notwendige Pause bei der Stromumkehr entsteht somit hier eine drehmomentfreie Phase im ms-Bereich, die jedoch deutlich kürzer als die bei Feldumschaltung ist.

Soll die Führung der Maschine immer bestehen bleiben, so ist eine kreisstromführende Schaltung einzusetzen. Beide Stromrichter sind dann dauernd im Eingriff. Für eine M3-Schaltung zeigt Bild 9-5 das Blockschaltbild, die Spannungserzeugung und die Entstehung des Kreisstromes. Die Arbeitsweise in den vier Quadranten zeigt Bild 9-6. Es sind jeweils beide Stromrichter im Eingriff, wobei einer überwiegt und den Betriebspunkt der Maschine bestimmt.

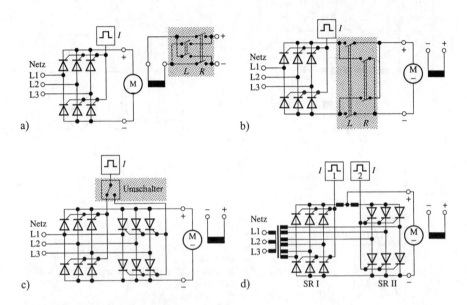

Bild 9-4 Prinzipschaltbilder der Umkehrstromrichterschaltungen
a) Feldumschaltung u. U. durch Umkehrstromrichter
b) Ankerumschaltung
c) Doppelstromrichter in antiparalleler Schaltung mit Umschaltung des Impulssteuersatzes I
d) Kreisstromführender Doppelstromrichter,
I Impulssteuersatz

Stromrichter für Gleichstromantriebe mit Feldschwächung

Bei Werkzeugmaschinen und Wicklern benötigt man Betriebsbereiche konstanter Leistung: den Feldstellbereich. Dazu ergänzt man vorhandene Stromrichter um eine spezielle Feldstelleinheit. Wird die Eckdrehzahl erreicht löst die Feldschwächregelung des Feldstromrichters die Ankerspannungsregelung ab. Das Blockschaltbild einer solchen Stromrichtereinheit aus steuerbarem Anker- und Feldstromrichter zeigt Bild 9-7.

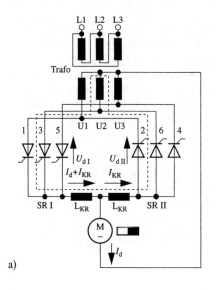
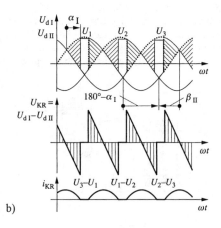
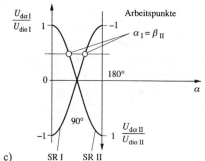

Bild 9-5
Kreisstromführende Umkehrstromrichter in M3-Schaltung
a) Schaltung
b) Spannungserzeugung und Kreisstromentstehung
c) Steuerdiagramm für $\alpha=\beta$-Steuerung

Stromrichter und Reihenschlussmotor

Wegen der schlechten Materialausnutzung werden Reihenschlussmotoren nur dort eingesetzt, wo die weiche Kennlinie gewünscht wird (z. B. bei Traktionsanwendungen) oder sich die Konstruktion bereits lange bewährt hat.

Mit der Steuerung über einen Stromrichter und einer geeigneten Steuereinrichtung kann die weiche Kennlinie des Reihenschlussmotors auch mit einer Gleichstromnebenschlussmaschine nachgebildet werden.

9.1 Allgemeines zum Einsatz in der Energieanwendung

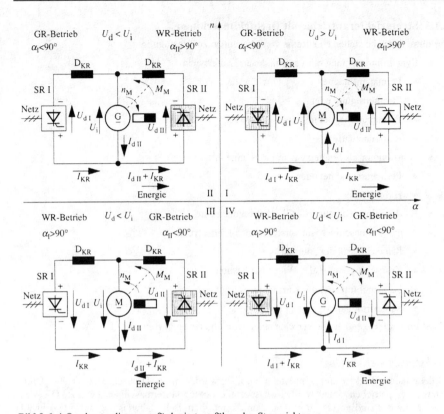

Bild 9-6 4-Quadrantendiagramm für kreisstromführenden Stromrichter

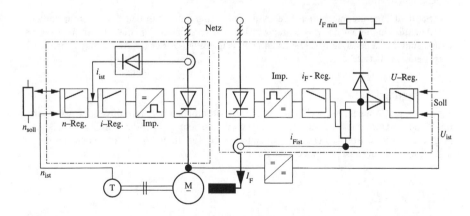

Bild 9-7 Blockschaltbild einer Stromrichtereinheit mit steuerbaren Anker- und Feldstromrichter

9.1.3 Stromrichterantriebe mit Drehfeldmaschinen

Für diese Antriebe stehen eine Reihe von Maschinen zur Verfügung:

- Synchronmaschinen mit verschiedenen Läufertypen
  - Permanentmagnet
  - Stromerregung oder
  - Permanentmagnet mit Kurzschlusskäfig
  - Reluktanzläufer
- Schrittmotor als Sondersynchronmaschine mit
  - Permanentmagnet oder
  - Hybridläufer
- EK-Maschine (bürstenlose Gleichstrommaschine)
- Asynchronmaschinen mit verschiedenen Läufertypen
  - Kurzschlussläufer „normal"
  - Kurzschlussläufer als „Widerstandsläufer"
  - Permanentmagnet mit Kurzschlusskäfig
  - Schleifringläufer

Als Stromrichter kommen die verschiedenen Umrichterarten in Betracht.

Drehstromstellerantriebe

Förderanlagen, Wickler und Ventilatoren/Pumpen werden in der Drehzahl stellbar über Drehstromsteller betrieben. Dazu werden oft spezielle Schlupfläufermaschinen benutzt. Die Verluste im Läufer sind vorher zu prüfen, damit keine thermische Überlastung auftritt. Bild 9-8 zeigt die Verlustleistung im Läufer über dem Schlupf, wenn eine quadratische Lastkennlinie angenommen wird.

Als Sanftanlaufgeräte haben sich Drehstromsteller eingeführt, um den Anlaufstrom und/oder das Anlaufdrehmoment der Asynchronmaschine zu reduzieren. Für die Anlauf- und Bremsrampe sind die Zeiten wählbar. Die Kennlinien zeigt Bild 9-9. Für die Auslegung stehen Rechnerprogramme bereit.

Umrichterantriebe

Synchron- und Asynchronmaschinen jeglicher Bauart arbeiten bei drehzahlvariablen Antrieben mit U- oder I-Umrichtern zusammen. Kapitel 6 gibt Aufschluss über die Grundlagen. Bild 9-10 zeigt die Betriebsbereiche der Drehstromantriebe. In Tabelle 9-1 sind die Kenndaten der U- und I-Umrichterantriebe gegenübergestellt.

9.1 Allgemeines zum Einsatz in der Energieanwendung

Anwendungsfall	Lüfter, Pumpen
bezogenes Lastmoment $m = \dfrac{M}{M_N}$	$M = M_N \left(\dfrac{n}{n_N}\right)^2$
bezogene Verlustleistung $p_V = \dfrac{P_V}{P_d}$ $n_d = \dfrac{f}{P}$, $s = \dfrac{n_d - n}{n_d}$ Hinweis: Diagramme für Motor B3, IP44 $p_V = 15$ kW, $s_N = 0{,}03$ $\eta_N = 0{,}88$	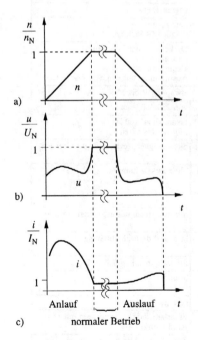
Läuferverluste P_V bezogen auf den Bemessungswert P_{VN} der Verluste	$P_V = \dfrac{P_{VN}}{s_N}\left(1 - \dfrac{n}{n_d}\right)\left(\dfrac{n/n_d}{1 - s_N}\right)^2$
Maximalwert der Läuferverluste beim Schlupf	$P_{V\max} = \dfrac{P_{VN}}{s_N} \cdot \dfrac{4}{27 \cdot (1 - s_N)^2}$ $s = 0{,}33$

Bild 9-8
Verlustleistung im Läufer über dem Schlupf bei quadratischer Lastkennlinie (Lüfter)

Bild 9-9
Kennlinien beim Sanftanlauf (SIEMENS)
a) Drehzahl
b) Spannung mit Losbrechimpuls
c) Strom mit Stromgrenze

Tabelle 9-1 Gegenüberstellung der Kenndaten der U- und I-Umrichterantriebe

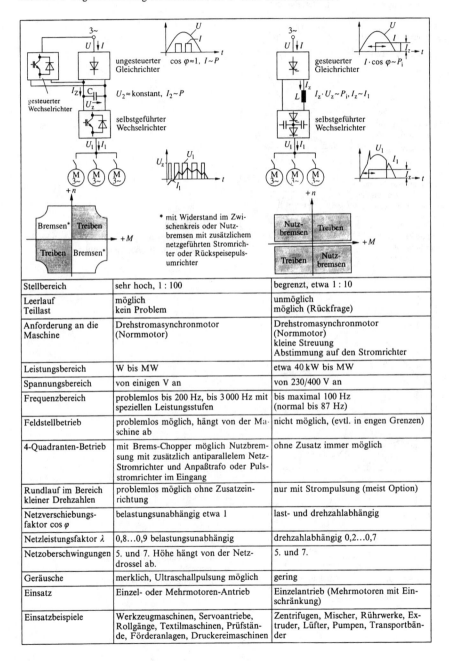

	U-Umrichter	I-Umrichter
Stellbereich	sehr hoch, 1 : 100	begrenzt, etwa 1 : 10
Leerlauf Teillast	möglich kein Problem	unmöglich möglich (Rückfrage)
Anforderung an die Maschine	Drehstromasynchronmotor (Normmotor)	Drehstromasynchronmotor (Normmotor) kleine Streuung Abstimmung auf den Stromrichter
Leistungsbereich	W bis MW	etwa 40 kW bis MW
Spannungsbereich	von einigen V an	von 230/400 V an
Frequenzbereich	problemlos bis 200 Hz, bis 3 000 Hz mit speziellen Leistungsstufen	bis maximal 100 Hz (normal bis 87 Hz)
Feldstellbetrieb	problemlos möglich, hängt von der Maschine ab	nicht möglich, (evtl. in engen Grenzen)
4-Quadranten-Betrieb	mit Brems-Chopper möglich Nutzbremsung mit zusätzlich antiparallelem Netz-Stromrichter und Anpaßtrafo oder Pulsstromrichter im Eingang	ohne Zusatz immer möglich
Rundlauf im Bereich kleiner Drehzahlen	problemlos möglich ohne Zusatzeinrichtung	nur mit Strompulsung (meist Option)
Netzverschiebungsfaktor $\cos \varphi$	belastungsunabhängig etwa 1	last- und drehzahlabhängig
Netzleistungsfaktor λ	0,8...0,9 belastungsunabhängig	drehzahlabhängig 0,2...0,7
Netzoberschwingungen	5. und 7. Höhe hängt von der Netzdrossel ab.	5. und 7.
Geräusche	merklich, Ultraschallpulsung möglich	gering
Einsatz	Einzel- oder Mehrmotoren-Antrieb	Einzelantrieb (Mehrmotoren mit Einschränkung)
Einsatzbeispiele	Werkzeugmaschinen, Servoantriebe, Rollgänge, Textilmaschinen, Prüfstände, Förderanlagen, Druckereimaschinen	Zentrifugen, Mischer, Rührwerke, Extruder, Lüfter, Pumpen, Transportbänder

9.1 Allgemeines zum Einsatz in der Energieanwendung

Bild 9-11 zeigt die wichtigsten Hochlauf-Diagramme der Netzströme und der Motorgrößen im Vergleich. Der Hochlauf erfolgt gegen ein konstantes Lastdrehmoment. Der U-Umrichter belastet das Netz nahezu nur mit der erforderlichen Wirkleistung. Der Netzstrom ist praktisch Wirkstrom. Beim I-Umrichter und Sanftanlaufgerät ist aufgrund der Steuerblindleistung ein größerer Strom zu erkennen; der Blindleistungsbedarf ist entsprechend negativ zu werten.

Die Hersteller empfehlen bei Umrichterspeisung unterschiedliche Leistung / Drehmomentreduktion bei Umrichterbetrieb. Außerdem ist das Moment zu reduzieren, wenn die Maschine nicht fremdbelüftet wird.

Schrittmotorantriebe

Schrittmotoren sind drehschwingungsfähige Systeme. Aufgrund des Rastmomentes und des ungleichförmigen Drehmomentes müssen Motor, Elektronik und Last eng aufeinander abgestimmt werden, damit ein stabiler gleichförmiger Betrieb möglich ist. Der Leistungsteil für den Schrittmotor besteht in der Regel aus einer der Strangzahl entsprechenden Anzahl von Gleichstromstellern für ohmsch-induktive Lasten wie sie in Kapitel 5.1 zu finden sind.

9.1.4 EK-Maschinen (elektrisch kommutiert)

Elektronisch kommutierte Maschinen weisen anstelle des mechanischen Kommutators (wie bei konventionellen Gleichstrommaschinen) eine elektronische Kommutierungseinrichtung auf. Im Betrieb erfolgt die elektronische Wicklungsumschaltung und somit die Kommutierung der Ankerströme mittels eines Stromrichters. Der Stromrichter ist für den Betrieb zwingend erforderlich. Wartungsfreiheit und ein hoher Drehzahlbereich sind Vorteile des EK-Motors. Er wird auch als EC-Motor (Electronic Commutated Motor) oder als bürstenlose Gleichstrommaschine bezeichnet.

9.1.5 Positionierantriebe / Servoantriebe

Positionierantriebe nehmen in der Automatisierungstechnik eine Sonderstellung ein. Sie sind deshalb hier zusammengefasst. Die speziellen Aussagen zu den Antrieben findet man bei den einzelnen Maschinen. Bild 9-12 zeigt Ausführungsformen in der Übersicht.

9.1.6 Traktion

In der elektrischen Traktion werden Stromrichter in erheblichem Umfang eingesetzt, und zwar in stationären Einrichtungen sowie in Fahrzeugen als

- Stromrichter zur Fahrdrahtspeisung (Konventionelle Bahntechnik) oder Fahrwegspeisung (Transrapid)
- Umformer zur Netzkupplung (50 Hz - 16 2/3 Hz)
- Stromrichter in Fahrzeugen zur Speisung der Drehstrommaschinen, für die Bordnetzversorgung, als Ladegeräte und als Heizumrichter.

Bei Straßen-, Stadt- und U-Bahnen werden Gleichstromsteller oder Umrichter eingesetzt, um die Fahrmotoren zu speisen. Die Vollbahnen setzen Umrichterantriebe - U-Umrichter mit Asynchronmotoren - ein, um mit nur einem Lokomotivtyp alle Aufgaben zu erledigen. Mit diesen Antriebssystem ist auch Nutzbremsung möglich z. B. beim ICE, d. h. dass beim Abbremsen des Zuges Energie in das Netz zurückgespeist werden kann.

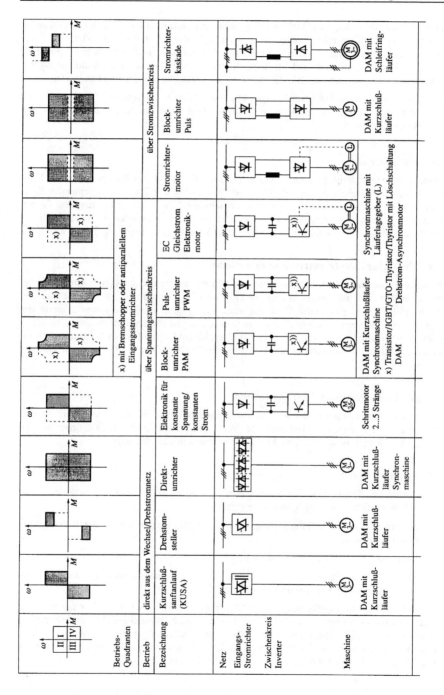

9.1 Allgemeines zum Einsatz in der Energieanwendung

Frequenz Hz	50	50	0...20	0...10 000	5...150	0...400	0...400	5...100	0...150	50
Stellbereich	1:1	1:1	1:200	1:100 000	1:10	1:200	1:200	1:20	1:20	1:12 – 1:20
Leistung kW	1...50	1...1000	1000...20 000	0,001...3	1...15 000	0,1...15 000	0,1...10 000	1...20 000	10...1500	500...25 000
		Einzelantrieb			Einzel/Gruppen-Antrieb			Einzelantrieb		
Bemerkungen	Anfahrschaltung zur Herabsetzung des Drehmomentes	besonders wirtschaftlich bei kleinem Stellbereich	große Leistungen bei kleinen Drehzahlen	2...5 Stränge unipolare/bipolare Ansteuerung bis 10 000 Schritte je Umdrehung	Blockbetrieb x)) Transistoren, IGBT	sinusbewertete Pulsung ultraschallpulsung bei kleinen Leistungen (f_p = 16 kHz)	Pulsbetrieb	lastgeführter Maschinenstromrichter (Inverter)	ein an die DAM angepaßter Stromrichter	besonders wirtsch. bei kleinem Stellbereich um die synchr. Drehzahl
Einsatzbeispiele	Förderbänder	Pumpen, Lüfter, (Hebezeuge)	Förderantriebe, Zementmühlen, Walzwerke	Positionierantriebe	Textilmaschinen, Rollgänge, Förderbänder	Textilmaschinen, Rollgänge, Werkzeugmaschinen, Hauptantriebe, Traktion	Positionierantriebe, Werkzeugmaschinen, Vorschubantriebe	Verarbeitungsmaschinen	Anfahrumrichter, Zentrifugen, Förderbänder	Pumpen

Bild 9-10 Betriebsbereiche der Drehstromantriebe

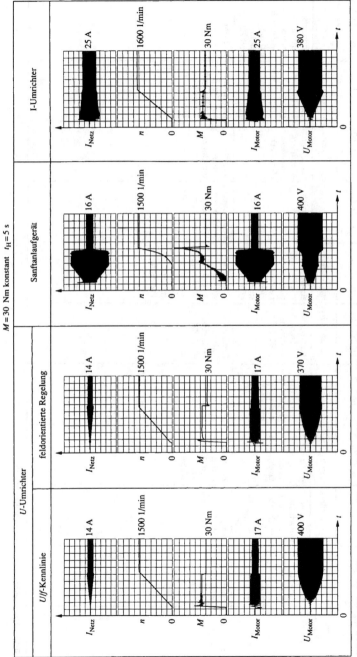

Bild 9-11 Hochlaufdiagramme verschiedener Stromrichterantriebe im Vergleich

9.2 Gleichstromversorgungen

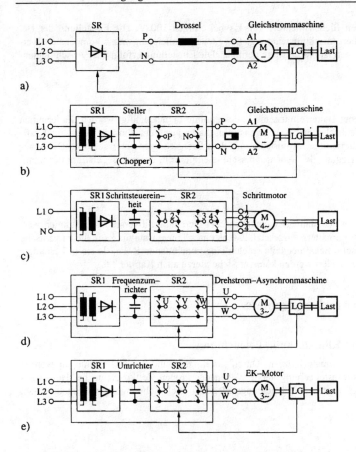

Bild 9-12 Ausführungsformen für Positionierantriebe (LG = Lagegeber)
  a) netzgeführter Stromrichter (SR) mit Gleichstrommaschine
  b) Gleichstromsteller mit Gleichstrommaschine
  c) Schrittmotor mit Elektronik (ohne Istwert-Rückführung)
  d) Drehstromasynchronmaschine mit Umrichter
  e) Elektronisch kommutierte Maschine mit Stromrichter

9.2 Gleichstromversorgungen

9.2.1 Elektrochemie

Für Galvanik, Elektrolyse und Elektrophorese werden große Stromrichterleistungen benötigt. Für die Elektrolyseanlagen zur Herstellung von Chlor, Wasserstoff, Sauerstoff, Azeton sowie Aluminium, Kupfer, Magnesium und Zink werden sehr hohe Gleichströme benötigt.

Bei Elektrolyseanlagen fließen mehrere 100 kA bei einigen 100 V. Die Einstellung der Betriebsdaten erfolgt über Anschnittsteuerung. Die Steuerblindleistung muss kompensiert werden. Bei Galvanikanlagen ist die Leistung geringer. Die Einstellung erfolgt über Anschnittsteuerung.

9.2.2 Ladegeräte

Je nach angeschlossener Batterie muss die Ladekennlinie berücksichtigt werden. Es kommen leistungsabhängig Wechselstrom- oder Drehstromschaltungen zum Einsatz. Auch im Kraftfahrzeug wird die Batterie über Stromrichter aus dem Drehstromgenerator versorgt. Die Spannung wird über die Erregung der Synchronmaschine eingestellt, deren Erregerstrom der Spannungsregler steuert.

9.2.3 Netzgeräte

Zur Stromversorgung in Schaltanlagen, elektronischer Geräte und diverser Einrichtungen werden Netzgeräte mit Stromrichtern eingesetzt. Zweck eines Transformators kann die galvanische Trennung der Netze sein. Schaltnetzteile spielen eine zunehmende Rolle, da sie in besonders kompakter Bauweise realisiert werden können. Siehe hierzu auch Kapitel 8.6.

9.3 Sonstige Anwendungsgebiete

9.3.1 Heizungs- und Klimatechnik, Beleuchtung

In der Heizungs- und Klimatechnik, in Durchlauferhitzern und bei Beleuchtungen werden Wechsel- oder Drehstromsteller eingesetzt. Wegen der großen Zeitkonstante bei Heizungen werden dort - im Gegensatz zu Beleuchtungsanlagen - auch Schwingungspaketsteuerungen angewandt.

9.3.2 Hausgeräte

In den Haushalt zieht zunehmend die Leistungselektronik ein, um die Leistung oder die Drehzahl zu steuern oder zu regeln. Einsatzgebiete sind Kleinantriebe, der Heizungsbereich und die Beleuchtung. Thyristorsteller und Frequenzumrichter werden eingesetzt. In der Masse und von der Gleichzeitigkeit her spielen auch die vielen Netzgeräte der Fernseher eine im Netz merkbare Rolle.

9.3.3 Industrielle Wärmebehandlung

Zur industriellen Wärmebehandlung bei induktiver Erwärmung, Härtung und beim Schmelzen eingesetzt. Mittelfrequenzen von 100 Hz bis zu mehreren kHz mit größeren Leistung bis zu einigen MW werden mit Schwingkreiswechselrichtern erzeugt. Bei diesen lastgeführten Stromrichtern wird die Blindleistung vom Verbraucher bereitgestellt. Dazu müssen bei ohmsch induktiven Verbrauchern Kondensatoren zu Reihen- oder Parallelschwingkreisen ergänzt werden. Siehe hierzu auch Kapitel 4.3.3.

10 Einsatz in der Energieverteilung

10.1 Übersicht

In der Energieverteilung finden Stromrichter Anwendung in der Blindstromkompensation zur Netzkurzkupplung und beim Energietransport über lange Strecken (**H**ochspannungs**g**leich-strom**ü**bertragung, HGÜ). Weitere Einsatzfälle sind die unterbrechungslose Energieversorgung empfindlicher Verbraucher und Rundsteuersender.

10.2 Blindstromrichter

Bei der dynamischen Blindstromkompensation werden Blindwiderstände - Kondensatoren oder Induktivitäten - zum schnellen Ausgleich des Blindstromes durch Thyristoren geschaltet und das Netz entflimmert, wenn unruhige Verbraucher, z.B. Lichtbogenöfen, dies erfordern. Bild 10-1 zeigt die Anordnung einer Anlage im Blockschaltbild. Die Blindleistungskompensation wird mit einem Drehstromsteller bewerkstelligt. Feste Kompensationskondensatoren überkompensieren das Netz. Aus schutztechnischen Gründen sind die Kondensatoren zur Strombegrenzung leicht verdrosselt. Durch den Transformator mit hoher Streuung (Streutransformator u_k = 100%) kann die induktive Blindleistungsaufnahme zwischen Null und dem Nennwert stetig verändert werden.

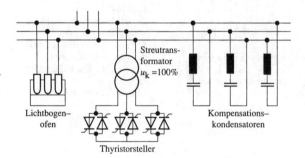

Bild 10-1
Anordnung einer Blindleistungskompensationsanlage

10.3 Netzkupplung und Energieübertragung (HGÜ)

Bei Netzkurzkupplungen zwischen fremdfrequenten Netzen oder zur Energieübertragung über größere Entfernungen werden Stromrichter eingesetzt. Die eingesetzten Stromrichter sind Umrichter mit Stromzwischenkreis. Die Glättungsdrossel entkoppelt die fremdfrequenten Netze oder sorgt für gute Glättung des Gleichstromes auf der Fernleitung. Die Blockschaltbilder solcher Anlagen zeigen die Bilder 10-2 und 10-3.

Netzkurzkupplungen erlauben die Kupplung zweier fremdfrequenter Netze, z.B. 50/60 Hz-Netze. Auch das frequenzelastisch CSFR-Netz ist über eine Kurzkupplung mit Österreich verbunden. Der Energieaustausch kann in beiden Richtungen erfolgen. Auch hier müssen Filter die Oberschwingungen verringern.

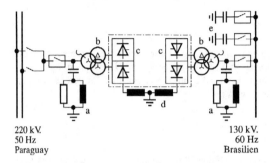

Bild 10-2
Netzkupplung zwischen zwei Netzen mit unterschiedlicher Frequenz, z. B. 50 Hat und 60 Hz (Acaray Paraguay und Brasilien. Zur Filterung sind erhebliche Aufwendungen erforderlich
a: Breitbandfilterkreise
b: Stromrichtertransformatoren
c: Glättungsdrossel
d: Kondensatorbatterien

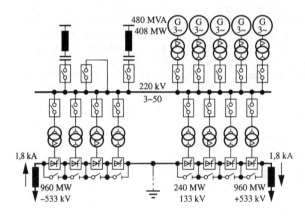

Bild 10-3
Bei der Hochspannungsgleichstromübertragung (HGÜ) werden zwei symmetrische Stationen aufgebaut, die erst als Gleichrichter und auf der Empfangsseite als Wechselrichter arbeiten (Cabora Bassa)

10.4 Unterbrechungsfreie Stromversorgung (USV)

Zur unterbrechungslosen Stromversorgung bei Rechenanlagen, Krankenhäusern, Befeuerungsanlagen usw. werden Stromrichteranlagen eingesetzt, die bei Netzunterbrechung die Versorgung des Verbrauchers aus einer Batterie über einen Wechselrichter übernehmen.
Eine Großanlage dieser Art, die auch zur Spitzenlastdeckung eingesetzt werden kann, ist die Batteriespeicheranlage der BEWAG in Berlin. Das Blockschaltbild mit den Daten zeigt Bild 10-4. Mit Hilfe einer automatischen Frequenzregelung werden rasche Schwankungen der Verbraucherlast von der Batteriespeicheranlage ausgeglichen. Eine besondere Regeleinrichtung sorgt immer für die Einhaltung des vorgesehenen Ladezustandes der Batterien.

10.5 Rundsteuersender

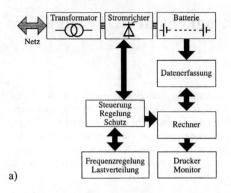

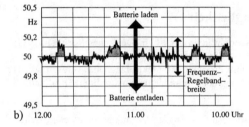

Bild 10-4
Batteriespeicheranlage zur unterbrechungsfreien Stromversorgung und Spitzenlastdeckung
a) Blockschaltbild
b) Frequenzdiagramm

10.5 Rundsteuersender

Impulstelegramme für Rundsteuersender können von Stromrichtern erzeugt werden. Der Vorteil der statischen Rundsteuersender mit Frequenzumrichtern liegt in der Betriebssicherheit und der sofortigen Verfügbarkeit. Der Rundsteuersender überlagert dem Versorgungsnetz in der Mittel- oder Hochspannungsebene koordinierte Impulsfolgen im Bereich der Frequenzen 150 bis 1600 Hz. Die Blockschaltung einer Anlage mit Spannungszwischenkreisumrichter zeigt Bild 10-5.

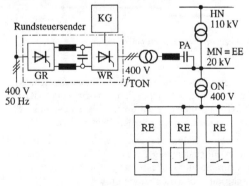

Bild 10-5
Blockschaltbild einer statischen Rundsteueranlage
GR Gleichrichter
WR Wechselrichter
KG Kommandogerät
PA Parallelankopplung
HN Hochspannungsnetz
MN Mittelspannungsnetz
ON Ortsnetz
EE Einspeiseebene
RE Rundsteuerempfänger

11 Elektromagnetische Verträglichkeit (EMV) und Netzrückwirkungen

Die Wirkung der Stromrichter auf die Umwelt und auf das Energieversorgungsnetz sowie die Einwirkung von elektromagnetischen Feldern und Netzeinflüssen auf die leistungselektronischen Komponenten treten um so mehr in den Vordergrund, je mehr dieser Einheiten je Raumeinheit untergebracht sind. Um die Betriebssicherheit der Anlagen sicherzustellen und um den Funkverkehr störungsfrei zu halten, sind Maßnahmen für Leistungselektronische Geräte vorzusehen. Grenzwerte bezüglich Störaussendung und Störempfindlichkeit sind einzuhalten, die in Richtlinien festgeschrieben sind.

11.1 Elektromagnetische Verträglichkeit

Spätestens seit Übernahme der EMV-Rahmenrichtlinien der EG in Deutsches Recht (EMVG) Ende 1992 steht fest, dass alle deutschen Hersteller und Importeure elektrische und elektronischer Geräte ab 1996 verpflichtet sind, für ihre Produkte die elektromagnetische Verträglichkeit nachzuweisen. Das erfordert die Überprüfung der Produkte durch akkreditierte Prüflabors.

Zwei Faktoren spielen eine wichtige Rolle:

- *Störfestigkeit* nach EN 50082-2: Die Störfestigkeit ist das Vermögen eines elektrischen Betriebsmittels, äußeren elektrischen und elektromagnetischen Einflüssen zu widerstehen.
- *Störvermögen* nach EN 50081-2: Das Störvermögen charakterisiert die von einem elektrischen Betriebsmittel ausgehenden elektrischen und elektromagnetischen Störungen.

Bild 11-1 Elektromagnetische Verträglichkeit bei einem Frequenzumrichter

Die von Stromrichtern ausgehenden Störungen werden im wesentlichen durch die Schaltvorgänge im Leistungsteil hervorgerufen. Durch schnell schaltende Leistungshalbleiter (IGBTs, MOSFETs) mit Schaltfrequenzen von 10 kHz und höher gehen unter Umständen starke Störungen aus, die vermindert und unter den zulässigen Grenzen gehalten werden müssen.

Man unterscheidet zwischen *leitungsgebundenen Störungen* und *nicht leitungsgebundenen Störungen*. Erstere können erfolgreich durch Filterschaltungen (Bild 11-2) auf der Netzanschlussseite reduziert werden. Gegen die Abstrahlung von elektromagnetischen Feldern (nicht leitungsgebunden) hilft eine geeignete Abschirmung und die richtige Erdung.

11.1 Elektromagnetische Verträglichkeit

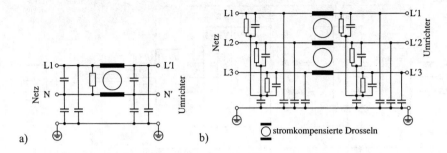

Bild 11-2 Netzfilter für Frequenzumrichter mit Spannungszwischenkreis (U-Umrichter)
a) für das Wechselstromnetz
b) für das Drehstromnetz

Sind alle Maßnahmen durchgeführt, trägt das Gerät das EG-Konformitätszeichen „CE" mit Jahreszahl. Die Verantwortung für die Richtigkeit der Aussage übernimmt der Hersteller. Prinzipiell gilt das Verursacherprinzip, das besagt, dass derjenige die Störungen zu beseitigen hat, der sie verursacht.

Leistungshalbleiter im Wechselrichterteil eines Frequenzumrichters schalten die Zwischenkreisspannung mit Spannungsflanken von bis zu 10 kV/μs. Bei langen Verbindungsleitungen zwischen Stromrichter und elektrischer Maschine kann es zu Spannungsüberhöhungen kommen, wie in Bild 11-3 zu sehen ist.

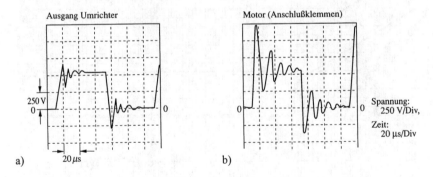

Bild 11-3 Transiente Überspannungen an der Motorwicklung bei einer Leitungslänge von 100 m zwischen Stromrichter und Motor; Bemessungsspannung 400 V

Dies beansprucht die Motorisolation stark. Die Größe der zulässigen Funkstörspannung ist in der Europäischen Norm EN 55014 festgelegt. Bild 11-4 zeigt Schaltungen zu Funkentstörungen. In Bild 11-5 ist ein Spektrum der Störspannung und die endsprechenden Grenzkennlinien aufgetragen.

11 Elektromagnetische Verträglichkeit (EMV) und Netzrückwirkungen

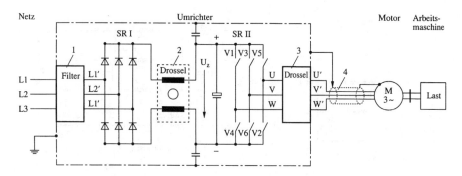

Bild 11-4 Prinzipschaltbild eines Frequenzumrichters mit Spannungszwischenkreis (U-Umrichter) mit Entstörelementen
1 Netzfilter
2 Stromkompensierte Drossel im Gleichspannungskreis
3 Stromkompensierte Drossel am Umrichterausgang
4 Abgeschirmte Motorzuleitungen beidseitig geerdet

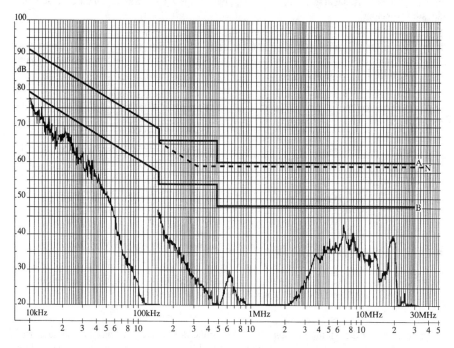

Bild 11-5 Spektrum der Störspannung mit Grenzkennlinien nach VDE 0871
Hinweis: Bei 150 kHz wird die Bandbreite des Messfilters umgeschaltet

11.2 Netzrückwirkungen

Beim Betrieb am Netz wirken Stromrichter auf das Netz zurück. Sie entnehmen dem Netz Wirkleistung; das ist erwünscht. In vielen Fällen sind die Netzströme jedoch nicht sinusförmig. Die daraus resultierenden Oberschwingungsströme rufen an den vorgeschalteten Netzblindwiderständen Spannungsabfälle vor, die die Netzspannung verzerren. Es gibt dabei erhebliche Unterschiede zwischen den Stromrichtertypen mit Spannungszwischenkreis (U-Umrichter) und Stromzwischenkreis (I-Umrichter). Der gesteuerte netzgeführte Stromrichter am Eingang des I-Umrichters belastet das Netz zusätzlich mit Steuerblindleistung. Der Grundschwingungs-Verschiebungsfaktor $\cos\varphi_1$ und der Leistungsfaktor $\lambda = P/S$ geben Hinweise auf die unerwünschten Netzrückwirkungen. Beim U-Umrichter wird der ungesteuerte Eingangsstromrichter mit einer Kondensatorlast betrieben. Daraus ergeben sich stark nichtsinusförmige Netzströme. Im Folgenden werden die Netzrückwirkungen für die beiden Umrichtertypen genauer betrachtet.

Einen allgemeinen Vergleich von Grundschwingungs-Verschiebungsfaktor $\cos\varphi_1$ und Leistungsfaktor λ über der Umrichterausgangsspannung U/U_N ist in Bild 11-6 für verschieden Stromrichter und Umrichter dargestellt.

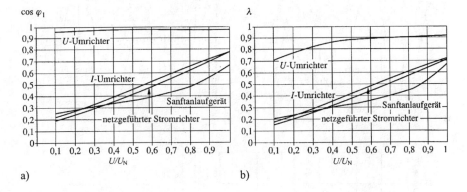

Bild 11-6 Netzrückwirkungen
  a) Grundschwingungs-Verschiebungsfaktor $\cos\varphi_1$ und
  b) Leistungsfaktor λ
  abhängig von der Ausgangsspannung U/U_N verschiedener Stromrichter

Der Grundschwingungs-Verschiebungsfaktor $\cos\varphi_1$ ist beim U-Umrichter im gesamten Aussteuerungsbereich nahezu gleich Eins. Bei allen anderen Stromrichtertypen ist er wesentlich von der Ausgangsspannung des Stromrichters abhängig. Man erkennt, dass der Leistungsfaktor $\lambda=P/S$ immer ungünstiger als der Verschiebungsfaktor ist. Für den U-Umrichter ist der Leistungsfaktor für den gesamten Aussteuerungsbereich größer als 0,7. Die angegebenen Werte gelten für Stromrichterleistungen von etwa 5 kVA.

Wegen der steigenden Zahl an Umrichtern am Netz nehmen auch die Netzrückwirkungen zu. Deswegen werden Stromrichter mit netzfreundlichen Eingangsstromrichtern zukünftig an Bedeutung gewinnen.

11.2.1 Netzrückwirkungen bei I-Umrichtern

Bei I-Umrichtern wird der Stromzwischenkreis über einen gesteuerten netzgeführten Stromrichter versorgt. Dadurch ergibt sich eine Abhängigkeit des Phasenwinkel φ des Netzstromes und somit auch des $\cos\varphi$ von der Aussteuerung des Stromrichters (Steuerwinkel α). In Kapitel 4.2.10 (Netzrückwirkungen netzgeführter Stromrichter) ist dieses genauer erläutert.

Der Einfluss der Kommutierungsdrossel auf den Stromverlauf des Netzstromes ist unwesentlich. Sie hält im Wesentlichen die während der Kommutierungsdauer vorherrschenden Kurzschlüsse von der Netzseite fern. Bild 11-7 zeigt die geringen Unterschiede im Stromverlauf mit und ohne Kommutierungsdrossel.

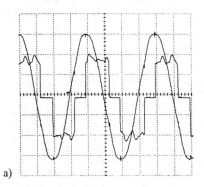
a)

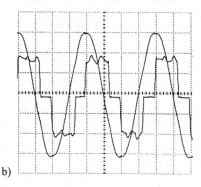
b)

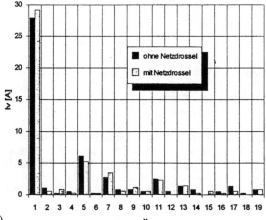
c)

Bild 11-7
Netzrückwirkungen beim I-Umrichter
a) ohne Kommutierungsdrossel
b) mit Kommutierungsdrossel
c) Spektrum der Oberschwingungsströme

11.2 Netzrückwirkungen

Wegen der begrenzten Größe der Glättungsinduktivität des Gleichstromzwischenkreises beeinflussen auch die Oberschwingungen des lastseitigen Stromrichters den Netzstrom. Es können dabei nichtcharakteristische Frequenzen im Netzstrom auftreten, die sich als Summe und Differenz der charakteristischen Frequenzen mit der 6-fachen Lastfrequenz und deren Vielfachen ergeben.

11.2.2 Netzrückwirkungen bei U-Umrichtern

Zur Erzeugung der konstanten Zwischenkreisspannung U_Z werden überwiegend ungesteuerte Diodenbrücken (B6, bei kleineren Leistungen auch B2) eingesetzt, die je nach geforderter Zwischenkreisspannung direkt oder seltener über Transformatoren an das Netz angeschlossen werden. Energierückspeisung ist mit diesen Schaltungen nicht möglich. Der von der Schaltung gespeiste Zwischenkreiskondensator wird jeweils etwa im Maximum der Netzspannung nachgeladen. Je nach Innenwiderstand des speisenden Netzes treten hohe Stromspitzen auf (Bild 11-8 a)).

Netzdrossel

Verwendet man eine Netzdrossel, so wird die Stromflusszeit verlängert und die Höhe der Stromspitzen reduziert (Bild 11-8 b)). Die Strom-Zeit-Flächen und somit die Auflading des Kondensators bleibt gleich.

a) 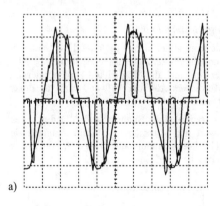 b)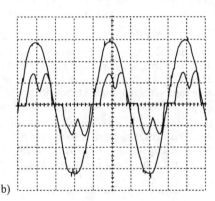

c)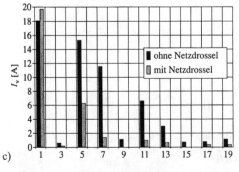

Bild 11-8
Einfluss der Netzdrossel bei U-Umrichtern mit ungesteuertem Eingangsstromrichter (B6-Schaltung)
a) Netzstrom und -spannung
   ohne Netzdrossel
b) Netzstrom und -spannung
   mit Netzdrossel
c) Spektrum der Oberschwingungsströme I_v

In den Oszillogrammen sind die Leiterspannung und der Leiterstrom, dessen Betrag dem Ladestrom des Zwischenkreiskondensators entspricht, für eine ungesteuerte B6-Schaltung dargestellt. Es ist erkennbar, dass die Netzdrosseln (u_K=4%) in den Zuleitungen die Stromspitzen reduzieren. Gleichzeitig wird der Stromflusswinkel vergrößert. Dadurch verringern sich die Oberschwingungsanteile des Netzstromes (Oberschwingungsströme) und somit auch die unerwünschten Netzrückwirkungen. Als Nebeneffekt tritt durch die geringeren Stromspitzen des Kondensatorladestromes eine erhöhte Lebensdauer des Zwischenkreiskondensators auf.

Zwischenkreisdrossel

Die Netzrückwirkungen können auch durch eine Drossel im Gleichstromkreis reduziert werden. Diese Drossel wird als geteilte Drossel vor den Zwischenkreiskondensator eingebaut (Bild 11-4), wobei die Teilwicklungen magnetisch gekoppelt sind, da sie sich auf einem gemeinsamen Eisenkern befinden.

12-pulsige Eingangsstromrichter

Für größere Leistungen nutzt man Dreiwicklungstransformatoren, um eine 12-pulsige Schaltung zu realisieren. Die Rückwirkung auf das Netz wird hierdurch reduziert. Über spezielle Eingangsschaltungen mit Saugdrosseln [*Depenbrock*] lassen sich auch ohne Transformator 12-pulsige Schaltungen realisieren. Der Aufwand für die Drosseln ist jedoch beachtlich.

Pulsstromrichter als netzfreundlicher Eingangsstromrichter

Setzt man als netzseitigen Stromrichter einen Pulsstromrichter ein, so gestattet diese Schaltung die Netzströme nahezu sinusförmig zu gestalten und die Phasenlage zur Netzspannung beliebig einzustellen (Bild 6-21). Dadurch bietet diese Variante auch die Möglichkeit zur Energierückspeisung, wie sie in Kapitel 6 beschrieben ist. Mit diesem erhöhten Aufwand kann die Belastung des speisenden Netzes weitgehend reduziert werden.

Der Pulsstromrichter arbeitet zusammen mit der Netzdrossel als Hochsetzsteller. Dadurch liegt die Zwischenkreisspannung über dem Scheitelwert der Netzspannung. Schwankungen der Netzspannung wirken sich so nicht auf die Zwischenkreisspannung aus. Dies ist besonders bei Netzen mit hohen Spannungsschwankungen erwünscht.

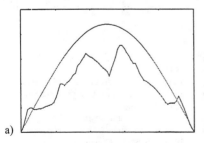
a)
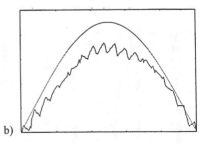
b)

Bild 11-9 Einfluss der Pulsfrequenz f_P auf den Kurvenform des Netzstromes (FHH)
a) Stromhalbschwingung mit f_P = 446 Hz
b) Stromhalbschwingung mit f_P = 1600 Hz

11.2 Netzrückwirkungen

Der Einfluss der Pulsfrequenz f_P auf die Kurvenform der Netzströme ist in Bild 11-9 zu sehen. Eine höhere Pulsfrequenz hat eine bessere Annäherung an die gewünschte Sinusform des Netzstromes zu Folge.

Aktive Leistungsnetzfilter

Die Netzströme des Netz-Pulsstromrichters können nahezu sinusförmig gesteuert werden. Sie können aber auch nach einem anderen Zeitverlauf geführt werden. Dadurch kann diese Schaltung auch als aktives Leistungsnetzfilter parallel zum Eingangsstromrichter bei U-Umrichtern eingesetzt werden.

Das Aktive Filter kompensiert die störenden Verzerrungsströme (Oberschwingungsströme) im Netz, in dem es gerade die „negativen" Verzerrungsströme einspeist. Das Prinzip ist in Bild 11-10 dargestellt. Das Filter arbeitet als Stromquelle und kompensiert so die Oberschwingungsströme.

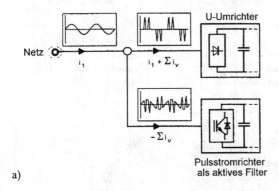

a)

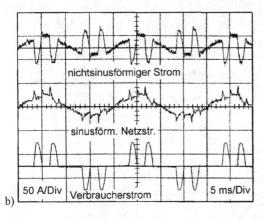

b)

Bild 11-10
Pulsstromrichter als aktives Filter
a) Schaltungsprinzip
b) Stromverläufe:
Aktives Filter (oben)
Netzstrom (Mitte),
Eingangsstrom U-Umrichter (unten)

Vergleich

Die typischen Netzrückwirkungen und die Vor- und Nachteile der wichtigsten Eingangsschaltungen für U-Umrichter werden im Folgenden verglichen werden. Die wichtigsten Eingangsstromrichter für U-Umrichter sind:

- Die ungesteuerte Diodenbrücke (B6)
- Die ungesteuerte Diodenbrücke (B6) mit Netzdrossel
- Pulsstromrichter (IGBT-Brückenschaltung) mir Netzdrossel

Die zugehörigen Schaltungen mit typischen Verläufen der Netzströme und -spannungen sind in zusammen mit Vor- und Nachteilen der Schaltungen in Tabelle 11-1 zusammengestellt.

Tabelle 11-1 Schaltungen, Strom- und Spannungsverläufe mit Vor- und Nachteile verschiedener Eingangsstromrichter für U-Umrichter

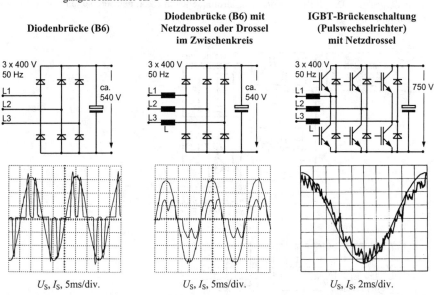

Diodenbrücke (B6)	Diodenbrücke (B6) mit Netzdrossel oder Drossel im Zwischenkreis	IGBT-Brückenschaltung (Pulswechselrichter) mit Netzdrossel
U_S, I_S, 5ms/div.	U_S, I_S, 5ms/div.	U_S, I_S, 2ms/div.
− Bedarf an Grundschwingungsblindleistung	− Bedarf an Grundschwingungsblindleistung	+ Keine Aufnahme von Grundschwingungsblindleistung, sehr geringe Verzerrungsblindleistung
− Sehr schlechte elektromagnetische Verträglichkeit	+ Reduzierung der Netzspannungsverzerrungen	
− Erhebliche Verzerrung der Netzspannung	− Ausgangsgleichspannung von der Höhe der Netzspannung abhängig	+ Einstellbare und konstante Ausgangsgleichspannung
− Ausgangsgleichspannung von der Höhe der Netzspannung abhängig	− Keine Energierückspeisung möglich	+ Höhere Gleichspannung möglich
− Keine Energierückspeisung möglich	− Keine Blindleistungskompensation möglich	+ Energierückspeisung in das Drehstromnetz möglich
+ geringe Kosten	o Mittlere Kosten	+ Kompensation von Blindleistung möglich
		− Höhere Kosten

12 Stromrichtermesstechnik

12.1 Messungen allgemein

Im Folgenden sollen besondere Hinweise für Messungen an Stromrichtern gegeben werden. Zwei Probleme sollten vor jeder Messung geklärt werden:
1. Das Potential des Messpunktes und
2. Die Kurvenform/Frequenz der Messgröße, vgl. Bild 12-1.

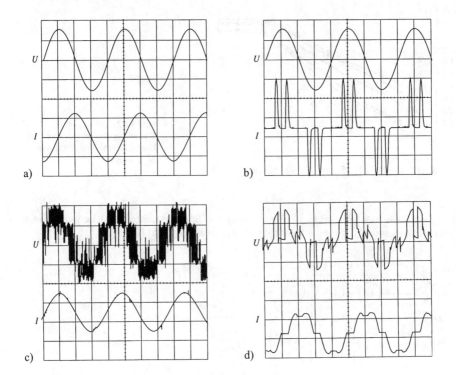

Bild 12-1 Spannungs- und Stromverläufe bei 50 Hz-Netzbetrieb und bei Stromrichterantrieben
  a) Netzwerte/Motorwerte bei Netzbetrieb eines Motors (Vergleichswerte)
  b) Netzwerte am Umrichtereingang
  c) Motorwerte am Umrichterausgang
  d) Motorwerte bei Betrieb mit Drehstromsteller

Da Stromrichter aus Steuer- und Leistungsteil bestehen und beide Einheiten auf unterschiedlichen Potentialen liegen, ist besondere Vorsicht beim Übergang von einer Einheit auf die andere angebracht. Es empfiehlt sich immer mit Differenzeingängen zu messen, um Potentialfehler auszuschließen. Solche Fehler können neben der Zerstörung des Messgerätes und des Stromrichters (mindestens teilweise) erhebliche Rückwirkungen auf den Messenden haben.

Wegen der oft nichtsinusförmigen Größen am Eingang und Ausgang eines Stromrichters sind eigentlich nur Messungen mit speziellen Messgeräten zulässig. Dies gilt insbesondere für hochfrequent gepulste Umrichter. Da diese speziellen Messgeräte dem Praktiker vor Ort meist nicht zur Verfügung stehen, kann man sich mit herkömmlichen Messgeräten behelfen. Man muss sich jedoch bei jeder Messung im klaren sein, was die Messgeräteanzeigen wirklich aussagen (vgl. Bild 12-2)..

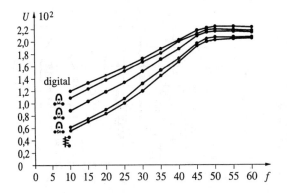

Bild 12-2
Spannungsmessungen an einem Umrichter mit verschiedenen Messwerken

Die gemachten Aussagen gelten für die Messung von Spannung, Strom und Leistung. Einen Messschaltungsvorschlag für die Messung an Umrichtern zeigt Bild 12-3.

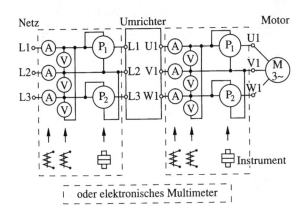

Bild 12-3
Messschaltung für die Untersuchung von Frequenzumrichtern

12.2 Messungen des Formfaktors

Der Formfaktor, z.B. des Ankerstromes I, kann aus der Ablesung zweier Geräte gewonnen werden. Dazu ist es notwendig ein Drehspulmesswerk und ein Dreheisenmesswerk zu benutzen. Formelmäßig erhält man den Formfaktor mit der Welligkeit w zu

$$F = \frac{I_\approx}{I_=} = \frac{I_{\text{eff}}}{I_d} = \sqrt{w^2 - 1} \qquad (12.1)$$

Genau diese Werte ermittelt man mit den Messgeräten in der Schaltung nach Bild 12-4.

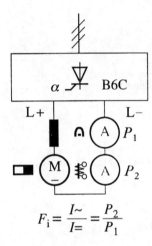

Bild 12-4
Messung des Formfaktor bei Gleichstrommaschinen
P1 Drehspulinstrument zeigt den Gleichrichtwert an
P2 Dreheiseninstrument zeigt den Effektivwert an
    oder anderes Effektivwertmessgerät

$$F_i = \frac{I\sim}{I=} = \frac{P_2}{P_1}$$

12.3 Drehfeldmessung

Um das Drehfeld einer Drehfeldmaschine zu ermitteln, müsste man im Luftspalt, z.B. mit Hallsonden messen. Im Verfahren mit der Schaltung nach Bild 12-5 integriert man die Spannung, um zum Fluss zu kommen. Bei richtig gewählter Integration erhält man den am Bildschirm darstellbaren Verlauf des Luftspaltfeldes als Lissajousfigur.

Maschinenspannungen

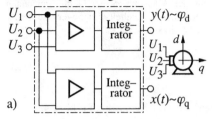

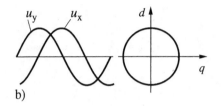

Bild 12-5
Darstellung des Drehfeldes bei Drehfeldmaschinen

Bild 12-6 zeigt gemessene Werte. Der Durchmesser des Kreises ist ein Maß für die Höhe der magnetischen Flussdichte B.

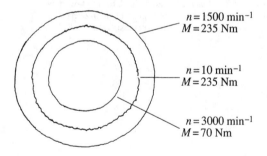

Bild 12-6
Drehfelddarstellung in der Praxis. Im Feldstellbereich (3000 min^{-1}) ist der Maschinenfluss deutlich geringer als im Ankerstellbereich (1500 min^{-1})

12.3 Drehfeldmessung

Formelzeichen (Auswahl)

Allgemeine Formelzeichen

Formelzeichen	Größe	Einheit
A	Fläche	m^2
B	Magnetische Flussdichte	$T = Vs/m^2$
C	Elektrische Kapazität	$F = As/V$
C	Konstante	
C_{th}	Wärmekapazität	J/K
D	Verzerrungsblindleistung	var
D_r	Ohmsche Gleichspannungsänderung	V
D_x	Induktive Gleichspannungsänderung	V
d_r	Relative ohmsche Gleichspannungsänderung	1, %
d_x	Relative induktive Gleichspannungsänderung	1, %
f	Frequenz	Hz
f_p	Pulsfrequenz	Hz
g_i	Grundschwingungsgehalt des Stromes	1, %
g_u	Grundschwingungsgehalt der Spannung	1, %
H	Magnetische Feldstärke	A/m
I	Strom (Effektivwert)	A
I_d	Gleichstrom (arithmetischer Mittelwert)	A
I_L	Netzseitiger Leiterstrom (Effektivwert)	A
I_L	Strom im Lastkreis	A
I_{FAV}	Dauergrenzstrom	A
J	Elektrische Stromdichte	A/m^2
k	Faktor (jeweils definiert)	1
L	Induktivität	$H = Vs/A$
L_d	Glättungsinduktivität	H
L_k	Kommutierungsinduktivität	H
L_σ	Streuinduktivität	H
M, T	Drehmoment	Nm
m	Phasenzahl	1
N	Windungszahl	1

Formelzeichen	Größe	Einheit
n	Drehzahl	1/s
P	Wirkleistung	W
p	Pulszahl	1
Q	Blindleistung	var
Q	Elektrische Ladung	C = As
q	Kommutierungszahl	1
R	Ohmscher Widerstand	Ω = V/A
S	Scheinleistung	VA
s	Zahl der in Reihe geschalteten Kommutierungsgruppen	1
T	Periodendauer, Zeitkonstante	s
t	Zeit	s
t_e	Einschaltdauer	s
t_a	Auschaltdauer	s
t_u	Überlappungszeit	s
t_F	Stromflusszeit	s
t_r	Anstiegszeit (rise time)	s
t_d	Verzögerungszeit (delay time)	s
t_s	Speicherzeit (storage time)	s
t_u	Überlappungszeit	s
t_L	Löschzeit	s
U, u	Elektrische Spannung,	V
U_d	Gleichspannung (arithmetischer Mittelwert)	V
U_{di0}	Ideelle Gleichspannung bei Leerlauf und Steuerwinkel 0	V
$U_{di\alpha}$	Ideelle Gleichspannung bei Leerlauf und Steuerwinkel α	V
U_{dr}	Ohmsche Gleichspannungsänderung	V
U_{dx}	Induktive Gleichspannungsänderung	V
U_L	Netzseitige Leiterspannung (Effektivwert)	V
U_{DRM}	Spitzensperrspannung in Vorwärtsrichtung	V
U_{RRM}	Spitzensperrspannung in Rückwärtsrichtung	V
U_Z	Zwischenkreisspannung	V
u_F	Flussspannung in Vorwärtsrichtung	V
u	Überlappungswinkel	rad
W	Energie	J = Ws
w	Welligkeit	1, %

12.3 Drehfeldmessung

Formelzeichen	Größe	Einheit
X	Reaktanz	Ω
Z	Impedanz	Ω
α	Steuerwinkel	rad, °
β	Wechselrichterwinkel	rad, °
γ	Löschwinkel	rad, °
Δ	Differenz	
δ	Dämpfung	1
δ	Luftspalt	mm
η	Wirkungsgrad	1, %
ϑ	Temperatur	K, °C
λ	Leistungsfaktor	1
λ	Faktor (jeweils definiert)	1
ν	Ordnungszahl von Oberschwingungen	
φ	Phasenwinkel	rad, °
Ω_m	Mechanische Winkelgeschwindigkeit	rad/s
ω	Kreisfrequenz	Hz

Indizes bei Leistungshalbleitern

Zeichen	Bezeichnung	Zeichen	Bezeichnung
A	Anodenanschluss	G	Gateanschluss
B	Basisanschluss	K	Kathodenanschluss
C	Kollektoranschluss	P	Pulsbetrieb
D	Drainanschluss	R	Rückwärtsrichtung
D	Sperrzustand in Vorwärtsrichtung	S	Source
E	Emitteranschluss	T	Durchlassrichtung
F	Vorwärtsrichtung, Durchlassrichtung		

Stromrichterschaltungen

Zeichen	Bezeichnung
B ..	Brückenschaltung mit Pulszahl (..)
M ..	Mittelpunktschaltung mit Pulszahl (..)
W ..	Wechselwegschaltung mit Pulszahl (..)
C	Steuerbare Umrichterschaltung (controllable)

Beispiel:

B6C	Steuerbare sechspulsige Brückenschaltung

Literaturverzeichnis

Literatur Kapitel 1

DIN 41750: Begriffe für Stromrichterschaltungen, Teil 1, 2, und 5,
   Beuth-Verlag, Berlin
SEW-Druckschrift: Praxis der Antriebstechnik, Band 5
   SEW-EURODRIVE GmbH, Bruchsal, Ausgabe 2, 1997
N.N.: Handbuch der Antriebstechnik - SEW-Eurodrive
   C. Hanser Verlag, München, 1980
Grotelüsche, M.: Automatisierung fordert drehzahlvariable Antriebe
   VDI Nachrichten Nr. 33, 16. August 1985, S. 17
Strass, H.: Bussysteme & industrielle Kommunikationsnetze
   A&D Kompendium Automation & Drives 1999, S. 122 – 126

Literatur Kapitel 2

DIN 41761: Stromrichterschaltungen
   Beuth-Verlag, Berlin
DIN 41786: Thyristoren
   Beuth-Verlag, Berlin
BBC-Schrift: Silizium Stromrichter Handbuch
   BBC, Baden (Schweiz), 1971
Heumann, K.; Stumpe, A.C.: Thyristoren
   B.G.Teubner Verlag, Stuttgart, 2. Auflage, 1970
Hoffmann, Stocker: Thyristor-Handbuch
   Siemens AG, München, Siemens Fachbücher
Korb, F.: Leistungshalbleiter und ihre wichtigsten Anwendungen
   Vogel-Verlag, Würzburg, 1978
Brosch, P.F.: Neue Impulse für die Leistungselektronik durch GTO-Thyristoren
   Technische Rundschau, 76. Jahrgang (1984), Heft 3, S. 12-13

Literatur Kapitel 3

Bödefeld, Th.; Sequenz, H.: Elektrische Maschinen
   Springer-Verlag, Wien-NewYork, 1971
Fischer, R.: Elektrische Maschinen
   C. Hanser Verlag, München-Wien, 9. Auflage, 1995
Klamt, J.: Berechnung und Bemessung elektrischer Maschinen
   Springer Verlag, Berlin-Göttingen-Heidelberg, 1962

Phillipow, E.: Taschenbuch Elektrotechnik, Bd. 5
C. Hanser Verlag, München, 1981
Wasserab, Th.: Schaltungslehre der Stromrichtertechnik
Springer-Verlag, Berlin-Göttingen-Heidelberg, 1961

Literatur Kapitel 4

AEG-Schrift: Antriebstechnik Gleichstrom
AEG Projektierungs-Handbuch, A52 V3-13.85/0484
Michel, M.: Leistungselektronik
Springer-Verlag, Berlin Heidelberg NewYork, 1992
Möltgen: Netzgeführte Stromrichter mit Thyristoren
Siemens AG, München
Watziger, H.: Stromrichter-Gleichstromantriebe
Dr. Alfred Hüthig, Heidelberg, 1983

Literatur Kapitel 5

Meyer: Selbstgeführte Thyristor-Stromrichter
Siemens AG, München

Literatur Kapitel 6

Brosch, P.F.: Frequenzumrichter
Verlag Moderne Industrie, Landsberg, 4. Auflage, 2000
Brosch, P.F.: Intelligente Antriebe in der Servotechnik
Verlag Moderne Industrie, Band 186, 1999
Eder, E.: Stromrichter zur Drehzahlsteuerung von Drehfeldmaschinen
Siemens AG, München, 1974
Götz F.R.: Direktantriebstechnik
antriebstechnik 33 (1994) Nr. 4; S. 48 – 53
Simon, K.-P.: Frequenzumrichter mit VVE-Vektorsteuerung ; antriebstechnik 28 (1989), Heft 5, S. 36-45
Stadtfeld, S.: Bremsverfahren für pulsumrichtergespeiste Asynchronmaschinen
antriebstechnik 32 (1993), Nr. 7, S. 26 – 31
Wunder, J.: Global mit Netz-Rückspeisung
KEM 1996, April S1, S. 84 – 85

Literatur Kapitel 7

Siemensdruckschrift: Sanftanlauf mit SIKOSTART Projektierungshinweise
  Siemens AG, München, 1988, A 19 100-E731-A249
Siemensdruckschrift: SIKOSTART 3RW22
  Siemens AG, München, 7/1994
Guelich, B.F.: Sanftanlasser mit Drehmomentsteuerung: Alternative für Lüfter- und Pumpenantriebe
  antriebstechnik 36 (1997) Nr. 12, S. 34-36
Schmidt, Christian: SIKOSTART richtig auswählen mit PC
  Energie & Automation Produktinformation 8 (1988), Heft 1, S. 20-21

Literatur Kapitel 8

Leonhard, W.: Regelung in der elektrischen Antriebstechnik
  Teubner-Studienbücher Elektrotechnik
  Teubner-Verlag, Stuttgart, 1974
Späth, H.: Steuerverfahren für Drehstrommaschinen
  Springer-Verlag, Berlin, 1983
Aaltonen, M. u. a.: Direkte Drehmomentregelung von Drehstromantrieben
  ABB Technik 3/1995, 19 – 24
Braun, M.: Vektorregelung: Qualitätsmerkmal drehzahlveränderbarer Drehstromantriebe
  antriebstechnik 33 (1994) Nr. 5, S. 29 - 33
Brosch, P.F.; Grünewald, B.: Mikroprozessor gesteuerte Sinuspulsung für Frequenzumrichter
  Technische Rundschau, Bern, 1986, Heft 15
Depenbrock M.: Direkte Selbstregelung (DSR) für hochdynamische Drehfeldantriebe mit Stromrichterspeisung
  ETZ-Archiv 7 (1985) , S. 211 – 218
Hügel, H.; Schwesing, G.: Neues Stromregelverfahren für Asynchronmotoren
  antriebstechnik 30 (1991) Nr. 12, S. 36 – 43
Jänecke, M. u.a.: Direct Self Control (DSC), A Novel Method of Controling Asynchronous Mashines in Traction Applikation
  Elektrische Bahnen 88 (1990), H. 3, S. 81 -87
Kiel, E.; Schumacher, W.: Der Servocontroller in einem Chip
  Elektronik H. 8, 19.4.94, S. 168 - 176:
Ruff, M.: Identifikation elektrischer Parameter von pulswechselrichtergespeisten Asynchronmotoren
  antriebstechnik 36 (1997) Nr. 12, S. 30 – 32
Verhoeven, T.: Neue Serie von Frequenzumrichtern mit Vektormodulation
  antriebstechnik 28 (1989), Heft 4, S. 37-41

Literatur Kapitel 9

Brosch, P. F.: Intelligente Antriebe in der Servotechnik
  Verlag Moderne Industrie, Landsberg, Band 186, 1999

Moczala, H.: Elektrische Kleinstmotoren und ihr Einsatz
  Expert Verlag, Grafenau, 1979

Rummich, G., et al.: Elektrische Schrittmotoren und -antriebe
  Expert Verlag, 1991

Stölting, H.-D.; Beisse, A.: Elektrische Kleinmaschinen
  Teubner- Studienbücher Elektrotechnik, B.G. Teubner Verlag, Stuttgart, 1987

Elger, H.: Die untersynchrone Stromrichterkaskade
  Elektronik, 22. Jahrgang, 1973, Heft 10, S. 349-352

Gabriel, R.: Umrichter für Drehstromantriebe in Hausgeräten mit MOS-Transistoren
  ETG Fachberichte Nr. 23, VDE-Verlag, S. 270-277

Steimel, A.: Steuerungsbedingte Unterschiede von wechselrichtergespeisten
  Traktionsantrieben Elektrische Bahnen 92 (1994) 1/2, S. 24 – 36

Van hoek, J.; Holtmann, J.A.: Bürstenlose DC-Kleinmotoren mit Schalt-IC
  antriebstechnik 35 (1996) Nr. 7, S. 26 – 28

Zimmermann, P.: Bürstenlose Antriebe
  elektroanzeiger, 38. Jahrgang (1985), Heft Nr. 5, S. 33-36

Literatur Kapitel 10

ZVEI-Bericht: Energiesparen mit elektrischen Antrieben
  ZVEI, Frankfurt, 1999

Bernhard, J.; Gekeler, M.W.; Jäckle, T.: Rückspeisefähige Pulsgleichrichter mit aktivem Leistungsnetzfilter
  antriebstechnik 36 (1997) Nr. 6, S. 60 – 63

Fleckenstein, V.: Netzrückwirkungsarme 4-Quadranten-Einspeiseschaltung mit Transistoren
  für Umrichter mit Spannungszwischenkreis
  ETG-Fachbericht Nr. 23, S. 294-304

Sezi, T.; Mangold, T.: Blindleistungskompensation einer Krananlage
  etz, VDE-Verlag, Berlin, H. 10, 2000, S. 18-21

Literatur Kapitel 11

DIN VDE 0100 Teil 430 9.2.1.1: Belastung des Neutralleiters
  Beuth Verlag, Berlin

EN 50 006, VDE 0838: Begrenzung von Rückwirkungen in Stromversorgungsnetzen
  VDE, Ausgabe 10, 1976

N.N.: Reduzierung von EMV-Problemen in der Antriebstechnik bei Verwendung von Frequezumrichtern
  Produktschrift der Schaffner Elektronik GmbH, Karlsruhe

12.3 Drehfeldmessung

Kloss, A.: Oberschwingungen
  VDE-Verlag, Berlin Offenbach, 1989

Brosch, P. F.: Neuartige Netzrückspeiseeinheit für U-Umrichter
  antriebstechnik 35 (1996) Nr. 4, S. 49 – 56

Bernhard, Gekler, Jäckle: Rückspeisefähige Pulsgleichrichter mit aktivem Leistungsnetzfilter
  Antriebstechnik 36 /1997) Nr. 6 S. 60-63

Brosch, P.F.; Döring, E.: Elektrokleinantriebe und elektromagnetische Verträglichkeit
  Technische Rundschau, 80. Jahrgang (1988), Heft 22, S. 132-135

Chatel, Chr.: Auch Frequenzumrichter müssen EMV-konform sein
  antriebstechnik 34 (1995) Nr. 6, S. 53 – 54

Faßbinder, S.:EMV in der Gebäudeinstallation
  DKI/EMV-Seminar, Tagungsband 29.10.97, Deutsches Kupfer-Institut, Düsseldorf, 8 Seiten

Fuchs, F.-W.: Netzrückwirkungen umrichtergespeister Drehstromantriebe ; etz Bd. 109 (1988), Heft 14

H.Dorner, M. Fender: Oberschwingungsbelastung des Netzes durch Stromrichter und Frequenzumrichter
  antriebstechnik 31 (1992) Nr. 32, S. 67 - 74

Krempel, M. u.a.: Frequenzumrichter richtig entstören
  Elektro AUTOMATION 46. Jg. Nr. 12 Dez. 93, S. 38 - 40

Literatur Kapitel 12

Messungen an drehzahlgeregelten Motorantrieben mit der richtigen Meßtechnik
  Fluke T&M News 1/96, S. 6-7

N.N.: Sensor-Line-Lager
  SNR Druckschrift TN13DE

YOKOGAWA-Schrift: Technik und Wissen zu Digitalspeicheroszilloskopen
  Firmendruckschrift YOKOGAWA-nbn, 2/97

Weitere Literaturhinweise

Brosch, P.F.: Drehzahlvariable Antriebe für die Automatisierung
  Vogel Verlag und Druck GmbH, Würzburg, 1. Auflage 1999

Brosch, P.F.: Mechatronische Antriebssysteme
  Verlag Moderne Industrie, Landsberg, Band 193, 2000

Brosch, P.F.: Moderne Stromrichterantriebe
  Vogel Verlag, Würzburg, 3. Auflage, 1998

Constantinescu-Simon, L. (Hrsg.): Handbuch der Elektrischen Energietechnik
  Vieweg Verlag, 2. Auflage, 1997

ETG Fachbericht: Bauelemente der Leistungselektronik und ihre Anwendungen
  VDE Verlag, 1998

Heumann, K.: Grundlagen der Leistungselektronik
B.G. Teubner Verlag, Stuttgart, 1975

Hütte: Die Grundlagen der Ingenieurwissenschaften
Springer Verlag, Berlin-Heidelberg, 29. Auflage, 1989

Jäger, R.: Leistungselektronik
VDE-Verlag, Berlin, 3. Auflage, 1988

Kleinrath, H.: Stromrichtergespeiste Drehfeldmaschinen
Springer Verlag, Wien-New York, 1980

Kümmel, F.: Elektrische Antriebstechnik, Band 1-4
VDE-Verlag, Berlin Offenbach, 1986

Kümmel, F.: Elektrische Antriebstechnik, Theoretische Grundlagen - Bemessungen und regelungstechnische Gestaltung
Springer, Berlin-Heidelberg-New York, 1971

Meyer, M.: Elektrische Antriebstechnik, Bd. 1, 2
Springer Verlag, Berlin-Heidelberg-New York, 1985

Schönfeld, R. u.a.: Automatisierte Elektroantriebe
Hüthig Verlag, Heidelberg, 1981

Schönfeld, R.: Elektrische Antriebe
Springer Verlag, Berlin-Heidelberg-NewYork, 1995

Schröder, D.: Elektrische Antriebe, Band 1-4
Springer Verlag, Berlin-Heidelberg-NewYork, 1996/8

Siemens-Schrift: Handbuch der Elektrotechnik
Girardet, Essen, 1971 ;

Tschilikin, M.C.: Elektromotorische Antriebe
VDE- Verlag Technik, Berlin, 1957

Vogel, J. u.a.: Grundlagen der elektrischen Antriebstechnik
Hüthig Verlag, Heidelberg, 6. Auflage, 1998

Sachwortverzeichnis

A

Abfallzeit 37
Abschaltthyristor GTO 26
AC-Antriebe 6
Aluminium-Elektrolyt-Kondensator 43
Analogtechnik 44
Ankerspannungsverstellung 128
Ankerumschaltung 131
Anode 18, 22, 23, 27
Anodengruppe 62, 63
Anoden-Kathoden-Spannung 23
Anschnittssteuerung 61, 128
Antrieb, drehzahlgeregelt 128
, drehzahlveränderbar 5
Antriebstechnik 128
Asynchronantrieb 39
Asynchronmaschine 129, 134
Ausfallrate 49
Ausgangsgleichspannung 78
Ausgangsgleichspannung, ideell 69
Ausgangskennlinienfeld 70, 71
Aussetzbetrieb 51
Autotuning 125

B

B2C 57
B2HZ 58
B2-Schaltung 9
B2U 58
B12-Eingangsstromrichter 152
B6 33, 62
B6C 57
(B2C)A(B2C) 57
(B6C)A(B6C) 57
B6C-Schaltung 29, 57, 112
B6HA 58
B6-Schaltung 56, 61, 151
B6U 58
Basis B 28
Bauleistung 40
Bauteilegrenzlast-Integral 32
Bedämpfungskondensator 44
Begrenzungs-Drossel 36
Beharrungsübertemperatur 51
Belastungsklasse 52, 53
Beleuchtung 142
Betriebsart 49, 51
Betriebsquadrant 7
Blindleistung 73
Blindleistungsverbrauch 110
Blindstromkompensation 143
Blindstromrichter 143
Blockbetrieb 96, 97, 99, 104
Blockierzustand 22
Blocksteuerung 113
Blockumrichter 138
Boost 123
Bremsbetrieb 107
Brems-Chopper 30, 106, 107, 124
Bremswiderstand 105
Brücke, halbgesteuert 75
Brückenschaltung 15, 55, 57, 58, 59
Brückenzweig 89
BTR 27, 28
Bussystem 39

C

Chopper 83

D

Dämpfung 80
Darlington 32
Dauerbetrieb 51
Dauergrenzstrom 19
Digitaler-Signal-Prozessor DSP 47
Digitaltechnik 45
DIN 40050 53
Diode 18, 32
Diodenbrücke B6 154
Direkte Selbstregelung, DSR 125
Direktumrichter 112, 113, 138
Doppelsternschaltung 56
Doppelstromrichter 72, 131
Doppelzündimpuls 63, 64
Doppelzwischenkreis 96
Dreheiseninstrument 157
Drehfelddarstellung 158
Drehfeldmessung 157
Drehmomentverhalten 127

Drehspannung 90, 97
Drehspannung, sinusförmig 96
Drehspannungserzeugung 96, 97
Drehspulinstrument 157
Drehstromantrieb 123, 139
Drehstrombrücke 57
Drehstrom-Brückenschaltung
 20, 56, 58, 61, 63
 , antiparallel 130
 , ungesteuert 62
 , vollgesteuert B6C 63
Drehstromsteller 116, 134, 138, 142
Drehstromstellerantrieb 134
Drehzahlregler 120, 121, 122
Drehzahlstellmöglichkeit 128, 129
Dreieckspannung 99
Drossel 41
Durchlasskennlinie 19
Durchlassrichtung 19
Durchlassspannung 69
Durchlassverlust 18
Durchlasswiderstand 28
Durchbruchspannung 24

E

Eckfrequenz 123
EC-Motor 137
Effektivwert 157
EG-Konformitätszeichen 147
Einfachstromrichter 72
Eingangsbeschaltung 35
Eingangsstromrichter 84, 110, 154
 , netzfreundlich 152
 , ungesteuert 151
Ein-Quadranten-Stromrichter 8
Ein-Quadrantbetrieb 84
Einschaltverhältnis 13, 84, 88
Einschaltvorgang 37
Einschaltzeit 84
EK-Maschine 134, 137
EK-Motor 45
Elektrochemie 141
Elektrolyse 141
Elektromagnetische Verträglichkeit
 EMV 146
Elektrophorese 141
Emitter E 28
Endübertemperatur 51

Energiefluss 6
Energierichtung 6, 80
Energierichtungsumkehr 105
Energierückspeisung 87, 105, 107, 108
Energiespeicher 92
Energieübertragung 143
Energieumformung 6
Energieumwandlung 16
Energieverteilung 143
Entkopplung, energetisch 93
Entlastungsnetzwerk 27
Ersatzschaltbild, thermisch 37
Erwärmung, induktiv 142

F

Fahrzeugantrieb 5
Feldeffekttransistor 27
Feldschwächung 128
Feldumschaltung 131
Fingerelektrode 26
Flickererscheinung 119
Folgesteuerung 66, 75
Förderantrieb 112
Formfaktor 157
Fotothyristor 23
Freilaufdiode 12, 29, 82,
Freilaufphase 97
Freiwerdezeit 35, 80
Fremdkörperschutz 53
Frequenzsteuerung 83
Frequenzumrichter 39, 124
Frequenzumrichter mit
 Spannungszwischenkreis 148
Frühausfall 48, 49

G

Galvanik 141
Gate G 23, 28
Gate-Eingangskapazität 28
GCT 1
Gegenspannung 70
Generatorbetrieb 86, 87, 107
Gesamtglättungsinduktivität 78
Gesamtscheinleistung 73
Glättungsdrossel 13, 20, 21, 42, 62
Glättungsinduktivität L 13
Glättungskondensator 14, 20, 21, 43
Gleichrichten 6, 9

Sachwortverzeichnis

Gleichrichter 21
Gleichrichterbetrieb 19, 66
Gleichrichtung 20
Gleichrichtwert 157
Gleichspannung, ideell 57, 65
Gleichspannungsänderung 65, 66
Gleichspannungsbildung 59
Gleichspannungsmittelwert 63
Gleichspannungsstellen 6, 12
Gleichspannungsumrichter 12
Gleichstrom 57
Gleichstromantrieb 120, 130
Gleichstromleistung, ideell 57, 70
Gleichstrommaschine 128, 129
Gleichstrommaschine, bürstenlos 134, 137
Gleichstromsteller 83, 84, 86, 120
Gleichstrom-Umrichter 92, 93
Gleichstromversorgung 141
GR-Betrieb 72
Grenzabweichung 52, 54
Grenzdaten 32
Grundlastbetrieb 51
Grundschwingungs-Blindleistung 74
Grundschwingungsgehalt 74
Grundschwingungs-Leistungsfaktor 54
Grundschwingungs-Verschiebungsfaktor 149
GTO 1
GTO-Thyristor 32

H

Halbleiterschalter 18
Halbleiterventil 18
Haltestrom 24
Heatpipe 38
HGÜ 143
Hochlaufdiagramm 140
Hochlaufgeber 122
Hochlaufversuch 126
Hochsetzsteller 13, 14, 93, 94
Hochspannungsgleichstromübertragung HGÜ 144
Hysteresebandbreite 100
Hysteresestrompulsung 99, 100
Hysteresestromregelung 100

I

IGBT 1, 28, 29

IGBT-Brückenschaltung 154
IGBT-Modul 32
Insulated Gate Bipolar Thyristor IGBT 27, 29
Insulated-Gate-Controlled Thyristor IGCT 27
Integrierte Schaltung 31
Intelligentes Leistungsmodul 30
Intelligentes Power Modul 30
Inversdiode 30
Inverswandler 94
IPM 3, 30, 32
I-R-Kompensation 123
I-Umrichter 101, 102, 104, 105, 150
I-Umrichterantrieb 136

K

Kaskadenregelung 121
Kathode 18, 22, 23, 27
Kathodengruppe 62, 63
Kenndaten 136
Kennliniensteuerung 125
Klimatechnik 142
Kollektor C 28
Kommutierung 67
Kommutierungsblindleistung 79
Kommutierungsdrossel 41, 42, 78, 150
Kommutierungseinbruch 77
Kommutierungsgruppe 56
Kommutierungsimpedanz 77
Kommutierungsspannung 79, 83
Kommutierungsspitze 102
Kommutierungsvorgang 104
Kommutierungszahl 56
Kondensator 43, 44
Kreisfrequenz 80
Kreistromführender Doppelstromrichter 131
Kühlkörper 37, 38
Kupferverlust 68
Kurzschlussschutz 30
Kurzschlussspannung 42, 78
Kurzschlussverlust, relativ 68
Kurzzeitbetrieb 51
Kurzzeitspannungseinbruch 77
KUSA 138

L

Ladegerät 142

Lastart 51
Lastspiel 52
Lebensdauer 49
Leerlaufspannung 70
Leistungsaufnahme 73
Leistungsaufteilung 76
Leistungsfaktor λ 74, 149
Leistungshalbleiter 18
Leistungsnetzfilter, aktiv 153
Leistungsschild 49
Leistungstransitor 27
Leiterspannung 98
Leiterstrom 57
Lissajousfigur 157
Löschschaltung 83
Löschstromimpuls 27
Löschwinkel 81, 82
Lückbereich 70
Lückbetrieb 71
Lückdrossel-Induktivität 72
Lückfaktor 72, 73, 78
Lückgrenze 70, 71
Lückstrom 70
Lüfter 135
Luftspaltfeld 157

M
M3 67
M3-Schaltung 40, 59
M6-Schaltung 56
Maschinenstromrichter 102
Maximalfrequenz 88
Messgerät 156
Messschaltung 156
Mikroprozessorregelung 121
Mittelpunktschaltung 55, 59, 60
Mittelspannungskurve 66
Mittenspannung 67
Momentanregelzeit 126
MOS 28
MOS-FET 27
Motorbetrieb 85, 86

N
Netzdrossel 151
Netzfilter 147
Netzgerät 142
Netzimpedanz 77

Netzkupplung 143
Netzkurzschluss-Leistung 42, 78
Netzrückwirkung 40, 76, 149
Netzstromoberschwingung 108
Netzstromrichter 79, 102
Netz-Thyristor 22
Nullkippspannung 22
Nullspannungszeiger 101

O
Oberschwingung 78
Oberschwingungsspannung 78
Oberschwingungsstrom I_V 151
Operationsverstärker 45
Optokoppler 47, 48

P
Parallelschwingkreis-Wechselrichter 80
Phasenanschnittssteuerung 10, 11, 24, 65, 117, 118, 130
Phasenfolgelöschung 44, 101, 102, 103, 104
Piezoschwinger 48
Positionierantrieb 137, 141
Positionsregler 121
Potentialtrennung 40, 47, 48, 94
Powermodul 31
Primärscheinleistung 40
Puls 83
Pulsbreitensteuerung 83
 , sinusbewertet 96
 , sinusförmig 90
 , versetzt 87
Pulsfrequenz 12, 84
Pulsmodulation 99
Pulsmuster 91
Pulsstromrichter 152
Pulsstromrichter zur Energierückspeisung 109
Pulsstromumrichter 154
Pulsumrichter 138
Pulswechselrichter 8, 89, 110, 111
Pulswechselrichter zur Rückspeisung 106
Pulsweiten-Modulation 10, 15
Pulsweiten-Modulation, sinusbewertet 96, 97, 99
Pulsweitensteuerung 12, 13
Pulswiderstand 124
Pulszahl 56

Sachwortverzeichnis

Pumpe 135

Q

Quadrantendarstellung 72
Quecksilberdampfventil 1

R

Raumspannungszeiger 101
Raumzeigermodulation 99, 100
Regelkreis 120
Regelung 120, 122
, feldorientiert 125
, flussorientiert 125
Regleradaptionsprogramm 121
Reihenkondensator 82
Reihenschaltung 75, 92
Reihenschlussmotor 132
Reihenschwingkreis-Wechselrichter 82
Rückspeisestromrichter 107
Rückwärtsrichtung 22
Rundsteuersender 145

S

Safe Operating Area 29
Sanftanlauf 135
Schalter, idealer 17
Schalterbetrieb 118
Schaltgruppe 41
Schaltnetzteil 94, 95
Schaltung W1C 25
Schaltung W3C 25
Schaltung, halbgesteuert 55, 66
, ungesteuert 55
, vollgesteuert 75
Schaltungsfaktor k_1 66
Schaltungskennwert 55, 57
Schaltverlust 18, 37
Schaltzyklus 85
Scheibenthyristor 38
Scheinleistung S 73
Schichtenaufbau 27
Schlupfkompensation 123
Schonzeit 35
Schrittmotor 134
Schrittmotorantrieb 137
Schutzart IP 53
Schutzgrad 53
Schutzmaßnahme 32

Schwerlast 52
Schwingkreiswechselrichter 80, 142
Schwingungspaketsteuerung 119, 142
Serielle Schnittstelle 47
Servoantrieb 120
Sicherheitsfaktor 34
Sicherheitszuschlag 35
Skalarregelung 124
SOAR-Diagramm 29
Source 28
Spannungs/Frequenzkennlinie 123
Spannungsabsenkung 10
Spannungsänderung 67, 68, 69
Spannungsanhebung 13, 123
Spannungsaufteilung 35
Spannungseinbruch 77
Spannungserzeugung 8
Spannungsglättung 21
Spannungsmessungen 156
Spannungssicherheitsreserve 69
Spannungssteilheit (du/dt) 23, 35
Spannungssynthese 101
Spannungsüberhöhung 147
Spannungsumkehr 87
Spannungsverlauf 64
Spannungsverstellung 83
Spannungswelligkeit 72, 78
Spannungszeigermodulation 99
Spannungszeitfläche 115
Spannungszwischenkreis 39, 92, 95, 138
Speicherprogrammierbare Steuerung SPS 47
Speicherzeit 37
Spektrum der Oberschwingungsströme 150
Spektrum der Störspannung 148
Sperrkennlinie 19
Sperr-Richtung 19
Sperrschichtübertemperatur 32
Sperrstrom 23
Sperrverlust 18
Sperrverzögerungszeit 22, 35
Sperrwandler 94
Spitzenlastdeckung 144, 145
Spitzensperrspannung 19, 24
Stellprinzip 128
Sternschaltung 56
Steuerblindleistung 75, 76, 117
Steuerelektrode Gate 22
Steuerelektronik 44
Steuerkennlinie 12, 24, 25, 65, 116

Steuerumrichter 113
Steuerverfahren 118
Steuerverlust 18
Steuerwinkel α 11, 12, 25, 60, 61, 64, 66, 114
Störfestigkeit EN 50082-2 146
Störung, leistungsgebunden 146
Störung, nicht leistungsgebunden 146
Störvermögen EN 50081-2 146
Stoßfaktor 66
Strangspannung 98
Stromänderungsgeschwindigkeit 88
Stromaufteilung 36
Stromflusszeit 56
Stromglättung 21
Stromkompensierte Drossel 148
Stromkomponente, drehmomentbildend 126
, flussorientiert 126
Stromlücke 78
Strompuls 104
Stromregler 120, 121
Stromrichter 5
, antiparallel 71
, digital 122
, fremdgeführt 55
, kreisstromführend 133
, lastgeführt 79
, lastseitig 79
, netzgeführt 55, 57, 59
, selbstgeführt 55, 83
, ungesteuert 19
Stromrichterantrieb 128, 134
Stromrichterarten 8
Stromrichterkaskade 138
Stromrichtermesstechnik 155
Stromrichtermotor 79, 101, 138
Stromrichterschaltung 56
Stromrichtertransformator 39, 40, 41
Stromrichterzweig 100
Strom-Spannungskennlinienfeld 70
Stromsteilheit 35, 36
Stromwelligkeit 78
Stromwendermaschine 129
Stromzwischenkreis 101, 138
Stromzwischenkreisumrichter 92
Synchronmaschine 134

T

Tachogenerator 121
Taktgebung 99
Tastverhältnis 13, 15
Teilspannung 62
Teilstromrichter 62
Temperaturüberwachung 122, 124
Thyristor 1, 22, 23, 24, 32
, antiparallel 114
Thyristorschaltung, zwangskommutiert 88
Tiefsetzsteller 12, 13, 84, 93, 106, 109
Trägerspeichereffekt TSE 34, 35
Traktion 137
Traktionsanwendung 132
Transformator 40
Transistor 27, 28
Transistor, bipolar 27
Transistor, unipolar 27
Transistor-Modul 32
Trapezumrichter 113
Triac 26
Typenleistung 40

U

U/f-Kennlinie 123
Überkopfzünden 23
Überlappung 78
Überlappungswinkel 67
Überlappungszeit 77
Überspannung 32, 34, 35, 85
, transient 147
Überstrom 32
Überstromschutz 33, 34
Übertemperatur 32, 36
Übertrager 47
Übertrager, magnetische 48
Überwachung 46
Überwachungselektronik 34
Umkehr-Antrieb 130
Umkehrbrückenschaltung 56
Umkehrstromrichterschaltung 131
Umkehrstromrichter 112
Umkehrstromrichter, kreisstromführend 132
Umrichter 92
Umrichter mit
  Gleichspannungszwischenkreis 96
Umrichterantrieb 134
Umschwingvorgang 102

Sachwortverzeichnis

Universalmotor 130
Unterbrechungsfreie Stromversorgung
 USV 144
Unterlastung 49
U-Umrichter 39, 95, 96, 105, 148, 151, 154
U-Umrichterantrieb 136

V

VDE 0558 56
VDE 0871 56
Vector Control 125
Ventilstrom 62, 63
Verlust 54
Verlustleistung 19, 37
Verschiebungsfaktor 74
Verschleißausfall 49
Verzerrungsbildleistung D 73, 74
Verzögerungszeit 36, 37
Vielperiodensteuerung 119
4-Quadranten-Betrieb 71, 85, 86
4-Quadrantendiagramm 133
4-Quadranten-Gleichstromsteller 88
4-Quadranten-Stromrichter 8
Voralterungsperiode 49
Voreilwinkel β 66
Vorwärtsrichtung 223
Vorwärts-Sperrzustand 22

W

W1 33
Walzantrieb 112
Wärmeabfuhr 37, 38
Wärmebehandlung, industriell 142
Wärmerohr 38
Wärmewiderstand 37
Wasserschutz 53
Wechsellastbetrieb 51
Wechselrichten 6, 15
Wechselrichter, netzgeführt 106
Wechselrichter, selbstgeführt 88
Wechselrichterbetrieb 64
Wechselrichter-Kippe 66, 109
Wechselrichterschaltung, dreiphasig 89
Wechselrichtertrittgrenze 24, 65
Wechselspannungsstellen 6
Wechselspannungsumrichten 6
Wechselspannungszwischenkreis 93
Wechselstrom-Brückenschaltung 20, 56

Wechselstrommaschine 129
Wechselstrom-Mittelpunktschaltung 56
Wechselstromreihenschlussmotor 129
Wechselstromsteller 115, 142
Wechselstromsteller-Antrieb 130
Wechselstrom-Umrichter 92
Wechselwegschaltung 11, 25, 114
Wendespannungsfläche 66
Wirkleistung 73, 74
Wirkleistungsrückspeisung 110
Wirkungsgrad 54
WR-Betrieb 72

Z

Zeitkonstante, thermische 32
Zementmühlenantrieb 112
Zweiwicklungstranformator 84
Zündeinsatzsteuerung 10, 60
Zündstrom 60
Zündübertrager 47
Zündverzögerungswinkel 114
Zündvorgang 23
Zündzeitpunkt 60
Zünzeitpunkt, natürlicher 62, 64
Zuverlässigkeit 48
Zweigstrom 57
Zweipunktstromregler 99
Zweirichtungsthyristor 26, 114
Zwischenkreisdrossel 152
Zwischenkreisspannung 85, 90, 98, 106
Zwischenkreisspannung, variabel 95
Zwischenkreisumrichter 92

Weitere Titel aus dem Programm

Lothar Papula
Mathematische Formelsammlung
Für Ingenieure und Naturwissenschaftler
6., durchges. Aufl. 2000. XXVI, 411 S. mit zahlr. Abb. und Rechenbeisp. und einer ausführl. Integraltafel. (Viewegs Fachbücher der Technik) Br. DM 48,00
ISBN 3-528-54442-2

Inhalt: Allgemeine Grundlagen aus Algebra, Arithmetik und Geometrie – Vektorrechnung – Funktionen und Kurven – Differentialrechnung – Integralrechnung – Unendliche Reihen, Taylor- und Fourier- Reihen – Lineare Algebra – Komplexe Zahlen und Funktionen – Differential- und Integralrechnung für Funktionen von mehreren Variablen – Gewöhnliche Differentialgleichungen – Fehler- und Ausgleichsrechnung – Laplace-Transformationen – Vektoranalysis

Diese Formelsammlung folgt in Aufbau und Stoffauswahl dem dreibändigen Werk Mathematik für Ingenieure und Naturwissenschaftler desselben Autors. Sie enthält alle wesentlichen für das naturwissenschaftlich-technische Studium benötigten mathematischen Formeln und bietet folgende Vorteile:
• Rascher Zugriff zur gewünschten Information durch ein ausführliches Inhalts- und Sachwortverzeichnis.
• Alle wichtigen Daten werden durch Formeln verdeutlicht.
• Rechenbeispiele, die zeigen, wie man die Formeln treffsicher auf eigene Problemstellungen anwendet.
• Eine Tabelle der wichtigsten Laplace-Transformationen.
• Eine auf eingefärbtem Papier gedruckte ausführliche Integraltafel im Anhang.
In der vorangegangenen Auflage wurden neu aufgenommen die Kapitel Komplexe Matrizen und Eigenwertprobleme in der linearen Algebra, Differentialgleichungen nter-Ordnung und Systeme von Differentialgleichungen im Kapitel Differentialgleichungen sowie das Kapitel Vektoranalysis. Deshalb konnte die Bearbeitung dieser 6. Auflage sich auf das Durchsehen der neu aufgenommenen Kapitel und die Beseitigung von Druckfehler beschränken.

Abraham-Lincoln-Straße 46
65189 Wiesbaden
Fax 0611.7878-400
www.vieweg.de

Stand 1.4.2000
Änderungen vorbehalten.
Erhältlich im Buchhandel oder im Verlag.

Weitere Titel aus dem Programm

Wolfgang Böge (Hrsg.)
Vieweg Handbuch Elektrotechnik
Nachschlagewerk für Studium und Beruf
1998. XXXVIII, 1140 S. mit 1805 Abb., 273 Tab. Geb. DM 168,00
ISBN 3-528-04944-8

Dieses Handbuch stellt in systematischer Form alle wesentlichen Grundlagen der Elektrotechnik in der komprimierten Form eines Nachschlagewerkes zusammen. Es wurde für Studenten und Praktiker entwickelt. Für Spezialisten eines bestimmten Fachgebiets wird ein umfassender Einblick in Nachbargebiete geboten. Die didaktisch ausgezeichneten Darstellungen ermöglichen eine rasche Erarbeitung des umfangreichen Inhalts. Über 1800 Abbildungen und Tabellen, passgenau ausgewählte Formeln, Hinweise, Schaltpläne und Normen führen den Benutzer sicher durch die Elektrotechnik.

Alfred Böge (Hrsg.)
Das Techniker Handbuch
Grundlagen und Anwendungen der Maschinenbau-Technik
15., überarb. und erw. Aufl. 1999. XVI, 1720 S. mit 1800 Abb., 306 Tab. und mehr als 3800 Stichwörtern, Geb. DM 148,00
ISBN 3-528-34053-3

Das Techniker Handbuch enthält den Stoff der Grundlagen- und Anwendungsfächer im Maschinenbau. Anwendungsorientierte Problemstellungen führen in das Stoffgebiet ein, Berechnungs- und Dimensionierungsgleichungen werden hergeleitet und deren Anwendung an Beispielen gezeigt. In der jetzt 15. Auflage des bewährten Handbuches wurde der Abschnitt Werkstoffe bearbeitet. Die Stahlsorten und Werkstoffbezeichnungen wurden der aktuellen Normung angepasst. Das Gebiet der speicherprogrammierbaren Steuerungen wurde um einen Abschnitt über die IEC 1131 ergänzt. Mit diesem Handbuch lassen sich neben einzelnen Fragestellungen ganz besonders auch komplexe Aufgaben sicher bearbeiten.

Abraham-Lincoln-Straße 46
65189 Wiesbaden
Fax 0611.7878-400
www.vieweg.de

Stand 1.4.2000
Änderungen vorbehalten.
Erhältlich im Buchhandel oder im Verlag.

Weitere Titel aus dem Programm

Martin Vömel, Dieter Zastrow
Aufgabensammlung Elektrotechnik 1
Gleichstrom und elektrisches Feld.
Mit strukturiertem Kernwissen,
Lösungsstrategien und -methoden
1994. X, 247 S. (Viewegs Fachbücher der Technik) Br. DM 29,80
ISBN 3-528-04932-4

Die thematisch gegliederte Aufgabensammlung stellt für jeden Aufgabenteil das erforderliche Grundwissen einschließlich der typischen Lösungsmethoden in kurzer und zusammenhängender Weise bereit. Jeder Aufgabenkomplex bietet Übungen der Schwierigkeitsgrade leicht, mittelschwer und anspruchsvoll an. Der Schwierigkeitsgrad der Aufgaben ist durch Symbole gekennzeichnet. Alle Übungsaufgaben sind ausführlich gelöst.

Martin Vömel, Dieter Zastrow
Aufgabensammlung Elektrotechnik 2
Magnetisches Feld und Wechselstrom.
Mit strukturiertem Kernwissen,
Lösungsstrategien und -methoden
1998. VIII, 258 S. mit 764 Abb. (Viewegs Fachbücher der Technik) Br. DM 29,80
ISBN 3-528-03822-5

Eine sichere Beherrschung der Grundlagen der Elektrotechnik ist ohne Bearbeitung von Übungsaufgaben nicht erreichbar. In diesem Band werden Übungsaufgaben zur Wechselstromtechnik, gestaffelt nach Schwierigkeitsgrad, gestellt und im Anschluss eines jeden Kapitels ausführlich mit Zwischenschritten gelöst. Jedem Kapitel ist ein Übersichtsblatt vorangestellt, das das erforderliche Grundwissen gerafft zusammenträgt.

Abraham-Lincoln-Straße 46
65189 Wiesbaden
Fax 0611.7878-400
www.vieweg.de

Stand 1.4.2000
Änderungen vorbehalten.
Erhältlich im Buchhandel oder im Verlag.